新\时\代\中\华\传\统\文\化
■ 知识丛书 ■

中华二十四节气

春分

主编◎李燕 罗日明

海豚出版社
DOLPHIN BOOKS
CICG 中国国际传播集团

图书在版编目（CIP）数据

中华二十四节气 / 李燕 , 罗日明主编 . -- 北京：
海豚出版社 , 2023.1
（新时代中华传统文化知识丛书）
ISBN 978-7-5110-6232-1

Ⅰ . ①中… Ⅱ . ①李… ②罗… Ⅲ . ①二十四节气—
普及读物 Ⅳ . ① P462-49

中国版本图书馆 CIP 数据核字（2022）第 227984 号

新时代中华传统文化知识丛书

中华二十四节气

李　燕　罗日明　主编

出 版 人　王　磊
责任编辑　张　镛
封面设计　郑广明
责任印制　于浩杰　蔡　丽
法律顾问　中咨律师事务所　殷斌律师
出　　版　海豚出版社
地　　址　北京市西城区百万庄大街 24 号
邮　　编　100037
电　　话　010-68325006（销售）　010-68996147（总编室）
印　　刷　艺通印刷（天津）有限公司
经　　销　新华书店及网络书店
开　　本　710mm×1000mm　1/16
印　　张　10
字　　数　85 千字
印　　数　5000
版　　次　2023 年 1 月第 1 版　2023 年 1 月第 1 次印刷
标准书号　ISBN 978-7-5110-6232-1
定　　价　39.80 元

序 言

　　二十四节气是我国古人独创的一种传统历法，它是我国先祖生活智慧的结晶，是我国传统文化的重要组成部分。"春雨惊春清谷天，夏满芒夏暑相连。秋处露秋寒霜降，冬雪雪冬小大寒。"这首在民间广为流传的民谣，就是对二十四节气的精炼描述。

　　古人在气温升降、降水多少及万物运转中不断积累经验，最终制定了这套属于中华民族的独特历法。古语中说："春耕、夏耘、秋收、冬藏，四者不失时，故五谷不绝，而百姓有余食也。"中华儿女根据二十四节气的岁时变化从事着不同的农事活动，进而获得生活所需的物质食粮。可以说，掌握节气变化的规律是农民丰收的不二法门。在二十四节气的交替变换中，人们也养成了与节气相匹配的生活习惯。在衣食住行等人类活动中，无处不留下了受节气影响的痕迹。

　　在岁月的流转中，二十四节气逐渐衍生出很多的文化含义。诗人将它们化作了一首首对仗工整的诗篇，词人将它们写成了一篇篇优雅秀丽的名词，曲作家将它们谱成了一曲曲动人心弦的曲目。除了这些蕴含着诗情画意的文化符号，人们还创作了许多口口相传的民俗谚语。以上种种，都是二十四节气为我们带来的璀璨文化。

如今，尽管我们每个人都对二十四节气有所了解，但是我们却不能完全理解二十四节气当中所蕴含的传统文化内涵。我们虽然知道"立春"这个节气，却不一定知道二十四节气从何而来、如何划分，也不知道二十四节气当中蕴含着多少古人的智慧。

为了能够让二十四节气作为中华传统文化的精粹传承下去，我们有必要全面、系统地学习二十四节气知识，深层次地了解二十四节气背后所蕴藏的传统文化。基于此，我们精心编写了这本《中华二十四节气》，希望读者可以通过阅读本书，全方位地理解二十四节气的内涵。

本书共分为六个章节。第一章为二十四节气的知识梗概，通过本章内容，读者可以充分了解二十四节气的内容、节气划分以及与节气相联系的一些文化知识。第二章至第五章为一年四季二十四节气的具体介绍，分为节气的基本知识、农事变化、饮食风俗和节气趣事等几个方面。第六章主要介绍二十四节气与传统文化的联系，分别从饮食、谚语、诗词和传说四个方面呈现二十四节气与人们文化生活的联系。

春种秋收、衣食住行、文化习俗、诗篇词曲，二十四节气在方方面面都影响着我们的生活。它是大自然给予我们的人文语言，是先祖留给我们的宝贵财富，值得我们每一个人倾心学习！

目 录

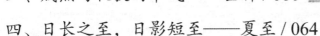

第五章　冬季六节气

第六章　二十四节气与我们的文化生活

第一章

二十四节气基础知识

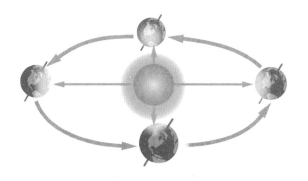

一、什么是二十四节气？

古往今来，我国农民四季的农业活动——春
耕、夏耘、秋收、冬藏，都是以传统的二十四节
气为依据来安排的。那么，到底什么是二十四节
气呢？

二十四节气是我国古代人民制定的一套用于指导
农业生产活动的特殊历法。在二十四个节气当
中，每六个节气囊括在一个季节中，共分为四个季节，即
春季、夏季、秋季、冬季。

春季包括立春、雨水、惊蛰、春分、清明、谷雨六个
节气；夏季包括立夏、小满、芒种、夏至、小暑、大暑六
个节气；秋季包括立秋、处暑、白露、秋分、寒露、霜降
六个节气；冬季包括立冬、小雪、大雪、冬至、小寒、大
寒六个节气。

这二十四个节气当中，有的节气反映的是四季的变

化，如立春、春分、立夏、夏至、立秋、秋分、立冬、冬至这八个节气。有的节气反映的是气温和降雨的变化，如雨水、小暑、大暑、处暑、白露、寒露、霜降、小雪、大雪、小寒、大寒等节气。有的节气则反映的是物候现象，如惊蛰、清明、小满、芒种四个节气。

二十四节气变化常被人们当作从事农业活动的时令闹钟：惊蛰时节，天气开始真正变暖，万物逐渐复苏，这时候农民就应当及时进行除草、驱虫；芒种时节，小麦等有芒植物成熟，人们会欢天喜地将小麦等收割回来，再将玉米等谷物播种，等待秋收的来临；寒露时节，播种的谷物已经成熟，人们及时将谷物收割回家，再选择一个适当的天气将冬小麦的种子播下，随后便开始了冬季漫长的等待；大寒时节，寒冬即将过去，为了来年开春作物的生长，人们开始为农田堆肥；等到立春，万物返青，新一轮的农事又重新开始。

那么，为什么人们会将二十四节气当作农事活动的"闹钟"呢？这是因为在农耕时代，人们的生活来源就是手里的土地，土地收成的好坏完全依靠天气变化，掌握好天气变化，就掌握了丰收的关键。而历代流传的二十四节气是古人对于气温、气候和物候变化规律的经验总结，因此，只要按照前人总结的节气变化进行农业生产，土地基本上就能获得较高的产量。

斗转星移，世事变迁，山川草木都在时间的流逝中发生了变化，二十四节气却被人们保留了下来。虽然现代的人们已经拥有了许多先进的技术来测量天气的变化，但是现实生活中还是有许多人仍然沿用二十四节气的生产经验，在时节变换中春耕、夏播、秋收、冬藏。

二十四节气歌

二十四节气歌是人们为了方便记忆节气变化而编写的民谣，经过漫长的岁月变迁，我国民间出现了许多与二十四节气有关的歌谣，但是流传最广的还是下面这首：

二十四节气歌

春雨惊春清谷天，夏满芒夏暑相连。

秋处露秋寒霜降，冬雪雪冬小大寒。

每月两节不变更，最多相差一两天。

上半年来六廿一，下半年是八廿三。

"春雨惊春清谷天"指代的是春季六节气，它们分别代表立春、雨水、惊蛰、春分、清明、谷雨六个节气。

"夏满芒夏暑相连"指代的是夏季六节气，它们分别代表立夏、小满、芒种、夏至、小暑、大暑六个节气。

"秋处露秋寒霜降"指代的是秋季六节气，它们分别代表立秋、处暑、白露、秋分、寒露、霜降六个节气。

"冬雪雪冬小大寒"指代的是冬季六节气，它们分别代表立冬、小雪、大雪、冬至、小寒、大寒六个节气。

"每月两节不变更，最多相差一两天。"这句话是说，按照二十四节气的划分方法，十二个月中每个月有两个节气，由于月份天数不同，每个节气的时间会有所变化，但是变动基本上在一两天内。

"上半年来六廿一，下半年是八廿三"中的"廿"是"二十"的意思。这句话是说，上半年的十二个节气中，每月的第一个节气一般在 6 号左右，第二个节气一般在 21 号左右；下半年每月的第一个节气一般在 8 号左右，第二个节气一般在 23 号左右。

二、为什么要学习二十四节气？

　　有人说，二十四节气制定的年代久远，其中许多气候变化均与现代不同，我们根本没必要学习这些老旧习俗。也有人说，二十四节气是中国古人智慧的结晶，其中不仅包含了总结的气候变化经验，还包含着许多人生哲理。这样的传统文化，只有得到传承才能有更好的发展。那么到底我们应不应当学习二十四节气呢？

　　2016年11月，联合国教科文组织保护非物质文化遗产政府间委员会通过决议，将中国申报的"二十四节气——中国人通过观察太阳周年运动而形成的时间知识体系及其实践"列入了人类非物质文化遗产代表作名录。自此，二十四节气成功成为被世界认可的中华传统文化之一。

　　二十四节气是古人关于气候变化规律的经验总结，后代的人们遵照这些节气经验从事农业活动，完美化解了气候变化对农作物的不利影响，最终获得了农作物的丰收。

除了影响人们的农业生产外，二十四节气也影响着人们的生活方式。在古人还未曾了解人体结构时，他们已经通过长时间的经验积累将节气变化与个人生活联系在一起。人们会在寒冬穿棉袄、炎夏穿背心、冬至吃饺子、初春吃野菜、酷暑住凉房、大寒住暖房……这些顺应天时、顺应自然的生活方式，使得人们能够在科技水平不发达的年代平安地生存。

此外，二十四节气还影响着人们的文化习俗，人们会在春分竖蛋、清明祭祖、大暑做暑船……这些习俗都是在节气变化中逐渐演变而来的，最终成为中华文化的宝贵财富。

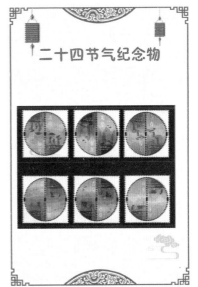

然而，随着时代的变迁，二十四节气当中的气候特征、农业生产时间和文化习俗已经发生了改变，其中的一部分经验已经不再适用现代人的生活，所以有人认为，我们已经没有必要继续学习和使用二十四节气了。

但是，我们应当注意到，文

化不是用来消灭的，而是用来传承的。虽然地理、时间、环境等因素都会造成文化的改变，但是，人们对文化的认同感是不曾改变的。我们虽然不再依靠二十四节气判断清明是否会下雨，但是我们却会在清明节保持祭祀的传统、保留踏青的风俗，这就是二十四节气对人潜移默化的影响。

如今，在科技发展和世界文化的洪流中，一部分传统文化正在逐渐走向消亡，越来越多的人不再记得立春、立夏等节气的时间，却清楚地记得圣诞节、感恩节的时间。如果我们不主动去保护这些"脆弱"的中华文明，在不久的将来，被我们的祖先奉为珍宝的传统文化将被我们踩在脚下。更可怕的是，这些被我们踩在脚下的传统文化，却被其他一些国家偷盗，而冠以他国传统文化的名号。

为了防止节气文化的消亡，防止中华文化被他国盗窃，我们每一位中华儿女都应当团结起来，从小开始认识二十四节气、学习二十四节气、理解二十四节气。同时，我们还应当意识到，节气文化不能放到温室中保存，而应当在被人们使用的过程中得到发扬和传承。对于二十四节气当中的一些糟粕，比如因迷信鬼神而造成的供奉品或资源的浪费，我们应当严厉抵制。而一些节气的饮食习俗和与之相关的谚语、诗词等传统文化，我们则应当继续传承和发扬。

我们相信，只要每一位中华儿女都心怀中华民族文化复兴的使命，我们就一定能将二十四节气等传统文化继续发扬光大。

三、二十四节气的划分

二十四节气年年有，每年的时间也基本固定，人们是怎么测算出二十四节气的具体时间的呢？尤其二十四节气还是在古代制定的历法，古人究竟采用了哪些特殊的方法？

早在春秋战国时期，我国古代的先民们就已经测算出了春分、夏至、秋分、冬至四个节气。随着后人的不断改进和完善，到了秦汉时期，我国传统的二十四节气历法已经基本确立。历代二十四节气的测算方法基本分为"斗转星移法""圭表测影法""太阳黄经法"三种方法。

秦朝之前，人们使用"斗转星移"的方法来确定节气的变迁。"斗"是指北斗七星，"星"指北极星，"斗转星移"是根据北极星和北斗七星在天空中的位置变化来划分节气的方法。

北斗七星的形状神似"勺子"，人们将这个"勺子"的"勺柄"所指向的方向作为判断节气时间的指针。以中国传统的干支历为基准，"勺柄"指向不同的方位时，所代表的节气就不同。

汉朝时，人们不再采用"斗转星移"的方法确定二十四节气的具体时间，而是采用"圭表测影法"。

圭表是我国古代科学家发明的一种测量太阳影长的仪器，它由"圭"和"表"两部分组成。"圭"为刻有长度数据的水平放置的刻板，"表"为竖直立在地面上的长柱。

在正午时分，太阳光照射"表"的影子投射在"圭"上，人们便能通过"圭"上的刻度确定这一天影子的长短。

根据每日正午太阳影子的长短，人们将每年分为了二十四段，每段代表着一个节气。这种测定节气的方法一直延续至清朝。到了清朝，人们不再使用此方法测算二十四节气，而是采用了更为科学的方法——"太阳黄经法"。

我们知道，地球是绕着太阳公转的天体，但是在地球上，我们并不能感受到它的运动，相反，我们能够感受到的是太阳在星空中的向后运动。这种现象与我们乘坐汽车向前行驶相似，我们在乘坐汽车时往往会发现，车窗外的物体是在向后移动的，但是实际上，并不是车窗外的物体在向后移动，而是我们的身体随着汽车在向前移动。

在地球上观察到的太阳向后的运动，科学家称之为"太阳周年视运动"，太阳运动的轨道则被称为黄道。黄道是一个 360 度的圆周，每度代表一个黄经。古人将这个圆周划分为 24 等分，每等分为一个节气。

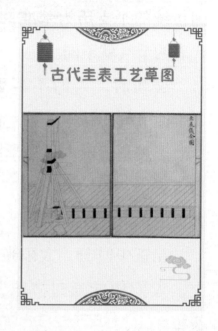

通常，立春为太阳到达黄经 315° 时所代表的节气，雨水的太阳黄经度数为 330°，惊蛰为 345°，春分为 0°，按照此顺序依次往后，每增加 15° 便为一个新的节气。

四、二十四节气与七十二候

西汉著名的历史文献汇编书籍《逸周书》中有一篇关于时令解释的告诫训词——《时训解》。这篇文章中详细记载了我国"七十二候"的具体内容。七十二候，是我国古人结合天文地理、气候变化和物候知识等内容编写的一份指导农事活动的历法。一年二十四节气中的每个节气都被分为三候，候与候之间间隔五天，每候均有不同的物候现象。这些物候现象是古人长时间的观察总结，虽然其中有一些不合理之处，但是其大都符合节气变化。

春 季十八候

立春：初候，东风解冻；二候，蛰虫始振；三候，鱼陟（zhì）负冰。

雨水：初候，獭祭鱼；二候，候雁北；三候，草木萌动。

惊蛰：初候，桃始华；二候，仓庚鸣；三候，鹰化为鸠。

春分：初候，玄鸟至；二候，雷乃发声；三候，始电。

清明：初候，桐始华；二候，田鼠化为鴽（rú）；三候，虹始见。

谷雨：初候，萍始生；二候，鸣鸠拂其羽；三候，戴胜降于桑。

立春十五日，第一个五日为一候（以后均为五日一候），东风渐暖，冰雪开始消融；第二个五日为二候，蛰居地下的虫蚁开始苏醒；第三个五日为三候，河水还未完全解冻，但鱼儿已经上游，看上去就如同背着冰块游动一样。

雨水十五日，一候时水獭开始捕猎鱼类，水獭捕鱼时，常将鱼儿拖出水面排列在岸上食用，在古人看来就像是水獭在以鱼祭祀春天；二候时天气转暖，大雁由南飞往北方；三候时草木开始生长，渐渐长出细芽。

不同的候

惊蛰十五日，一候时桃树开始开花；二候时仓庚（古语黄鹂的代称）开始鸣叫；三候时苍鹰化为鸠鸟（古代布谷鸟的代称）。

苍鹰和布谷鸟是两个物种，不能互相幻化。古人认为惊蛰出现"鹰化为鸠"现象的原因为：惊蛰时候鹰开始繁衍后代，因此会销声匿迹，而此时布谷鸟开始求偶鸣叫，两种鸟类此匿彼现，古人就以为鹰变为布谷鸟了。

春分十五日，一候时玄鸟（指燕子）从南方飞回北方；二候时开始出现打雷现象；三候时下雨会出现闪电。

清明十五日，一候时白桐花开放；二候时不喜阳的田鼠躲回到洞穴中，喜爱阳气的鸟儿开始出来活动；三候时雨后的天空可以看到彩虹了。

谷雨十五日，一候时由于降水增多，浮萍开始滋生；二候时布谷鸟开始拂动翅膀飞舞鸣叫；三候时戴胜鸟开始出现，它们时常会停落在桑树上。

夏季十八候

立夏：初候，蝼蛄鸣；二候，蚯蚓出；三候，王瓜生。

小满：初候，苦菜秀；二候，靡草死；三候，麦秋至。

芒种：初候，螳螂生；二候，鵙（jú）始鸣；三候，反舌无声。

夏至：初候，鹿角解；二候，蜩始鸣；三候，半夏生。

小暑：初候，温风至；二候，蟋蟀居壁；三候，鹰始鸷。

大暑：初候，腐草为萤；二候，土润溽暑；三候，大雨时行。

立夏十五日，一候时蝼蛄等小虫开始出土鸣叫；二候时蚯蚓也会从地下爬出；三候时王瓜（一种爬藤植物，长在田野、宅院土地与墙壁下）开始生长。

小满十五日，一候时苦菜逐渐生长得茂密；二候时随着阳光日渐强烈，靡软细小的草会逐渐干枯而死；三候时小麦渐渐饱满成熟。

芒种十五日，一候时农田里的螳螂逐渐增多；二候时喜好阴冷的伯劳鸟出现在枝头鸣叫；三候时反舌鸟开始停止鸣叫。

夏至十五日，一候时鹿角开始脱落；二候时蝉脱壳而出，开始鸣叫；三候时半夏（一种植物，喜好湿润）开始逐渐生长。

小暑十五日，一候时带着热浪的风开始出现；二候时蟋蟀开始到庭院的墙角下避暑；三候时老鹰因地面气温太高而在清凉的高空中活动。

大暑十五日，一候时腐草下萤火虫的虫卵开始孵化为成虫；二候时天气开始变得闷热，土壤开始变得湿润；三候时大的雷雨天气增多。

秋季十八候

立秋：初候，凉风至；二候，白露降；三候，寒蝉鸣。

处暑：初候，鹰乃祭鸟；二候，天地始肃；三候，禾乃登。

白露：初候，鸿雁来；二候，玄鸟归；三候，群鸟养羞。

秋分：初候，雷始收声；二候，蛰虫培户；三候，水始涸。

寒露：初候，鸿雁来宾；二候，雀入大水为蛤；三候，菊有黄华。

霜降：初候，豺乃祭兽；二候，草木黄落；三候，蛰虫咸俯。

立秋十五日，一候时天气变凉，凉风开始出现；二候时早晨大地上开始有雾气了；三候时入秋的寒蝉鸣叫得更加频繁。

处暑十五日，一候时苍鹰开始捕捉鸟类；二候时天地间开始变得萧瑟；三候时谷物等粮食作物开始成熟。

白露十五日，一候时大雁开始南归；二候时燕子等候鸟南归；三候时各种鸟类都开始准备粮食过冬（"羞"为珍馐的意思）。

秋分十五日，一候时雷雨开始减少；二候时蛰居的小虫开始藏入穴中，并用细土将洞口封起来以防寒气侵入；三候时河流水量变少，一些沼泽及水洼处开始逐渐干涸。

寒露十五日，一候时大雁开始成群结队向南方飞去；二候时雀鸟开始消失（雀鸟花纹与蛤蜊相似，暮秋气候变冷，雀鸟开始消失，海边开始出现蛤蜊，不明原因的古人以为是雀鸟变成了蛤蜊）；三候时菊花开始开放。

霜降十五日，一候时豺狼将捕获的猎物先陈放再食用；二候时草木开始逐渐变黄，并逐渐凋落；三候时虫蚁开始进入地下休眠。

冬季十八候

立冬：初候，水始冰；二候，地始冻；三候，雉入大水为蜃。

小雪：初候，虹藏不见；二候，天气上升地气下降；三候，闭塞而成冬。

大雪：初候，鹖鴠不鸣；二候，虎始交；三候，荔挺出。

冬至：初候，蚯蚓结；二候，麋角解；三候，水泉动。

小寒：初候，雁北乡；二候，鹊始巢；三候，雉始雊（gòu）。

大寒：初候，鸡始乳；二候，征鸟厉疾；三候，水泽腹坚。

立冬十五日，一候时水开始结冰；二候时土地也开始结冻；三候时雉鸡等野生大鸟入水化为大蛤蜊（秋末，雉鸡消失，因其颜色和线条与大蛤蜊的外壳类似，故古人以为其入水化为了大蛤蜊）。

小雪十五日，一候时北方开始下雪不再下雨，彩虹不会再出现；二候时万物失去生机（天气指代阳气，地气指代阴气，阴阳二气皆散，表示万物失去活力）；三候时进入严寒冬季，万物俱寂。

大雪十五日，一候时气候寒冷，寒号鸟不再鸣叫；二候时老虎开始求偶；三候时兰草开始生长。

冬至十五日，一候时蚯蚓在土中呈弯曲状；二候时麋鹿的角开始脱落；三候时山中的泉水开始涌动，并且是温热的。

小寒十五日，一候时大雁开始向北归来；二候时喜鹊开始筑巢；三候时雉鸡会开始鸣叫。

大寒十五日，一候时母鸡开始孵化小鸡；二候时凶猛的鸟类开始疾飞寻找食物；三候时经过一个冬天的寒冷，此时水中的冰层冻到最厚。

五、二十四节气与二十四番花信风

从小寒开始，我国一些地区的天气就渐渐温暖起来，几乎每一候都有一种植物开花。古人经过观察总结，将每一候开放的植物名称记录下来，整理成为"二十四番花信风"。"花信风"是应花期而来的风，它常被人们看作不同花朵开放的信号。"二十四番花信风"则是指从小寒至谷雨八个节气、二十四候中绽放的二十四种植物的花。

十四番花信风

小寒：一候梅花、二候山茶、三候水仙；

大寒：一候瑞香、二候兰花、三候山矾；

立春：一候迎春、二候樱桃、三候望春；

雨水：一候菜花、二候杏花、三候李花；

惊蛰：一候桃花、二候棣棠、三候蔷薇；

春分：一候海棠、二候梨花、三候木兰；

清明：一候桐花、二候麦花、三候柳花；

谷雨：一候牡丹、二候荼蘼、三候楝（liàn）花。

二十四番花信风并不代表每候只有一种花开放，它是古人经过长年累月的观察后，将每段时间开放的花的代表挑选出来，以记录时节物候变化的一种标志。

二十四番花信风中，最初开放的花是小寒第一候的梅花。梅花喜冷，小寒时节正是全年之中气温最低的时候。古人经过观察物候变化，发现梅花每逢小寒第一候便会开放，于是梅花便成为二十四番花信风中的第一个代表花卉。

有些品种的山茶花喜好阴冷，能耐寒冷，小寒的二候，一些耐寒的山茶花陆续开放，于是山茶花就成了小寒二候的代表花卉。此后，随着节气的变化，气温会逐渐升高，一些喜好温暖的植物也会渐渐开放，尤其是到了立春之后，各种植物便会竞相开放。

等到暮春时节，也就是谷雨时分，各种植物的开花期都已经过去，此时仍处于开花期的只有谷雨一候的牡丹，二候的荼蘼和三候的楝花。楝花之后，春季花期就此结束，大部分植物都开始进入结果期。

二十四番花信风的花期变化，可以作为古人甚至现代人种植花卉的花时月历，人们根据花信风的大致节气，可以大致推断出植物的种植时间和种植环境。除此以外，它也可以作为节气变化的农历历法，比如人们可以通过花期辨别节气的气候温度，并以此为依据进行农业生产。

二十四番花信风除了可以帮助人们进行农业生产外，也常被历代诗人作为咏花取景的典故。比如，陆游在《芳华楼赏梅》中写道："一春花信二十四，纵有此香无此格。"程大昌在《演繁露》中写道："三月花开时，风名花信风。"如此看来，二十四番花信风不仅具有农业实用性，还被赋予丰富的文化内涵。不过，如今人们已经很少有人知道二十四番花信风的含义，这一传统民俗正在历史的流转中逐渐消亡。

第二章

春季六节气

一、万物伊始——立春

度过万籁俱寂的隆冬季节后，我们就迎来了立春。春天是一个万物复苏的季节，立春时，冰冻的河水会渐渐随着气温的上升而消融，花草树木也会随着春雨的降临而复苏。

立春，又称岁节、正月节，是二十四节气当中的第一个节气，也是春季的第一个节气。它的时间一般是每年的 2 月 3 日至 5 日中的某一天。按照"太阳黄经"的划分方法，太阳到达黄经 315°时为立春。

立春当中的"立"是"开始、起始"的意思，人们常说"一年之计在于春"，立春这一节气就代表春天刚刚开始，万物在天气回暖下开始生长复苏。

有人可能会心生疑惑，为什么每年的立春时节，天气并没有像上文所说的那样春暖花开、万物复苏，甚至还经常感到天寒地冻、手冷脚冷呢？

这是因为我国国土面积巨大，不同地区所处的经纬度不同，其接受的太阳光强度也不同，所以不同地区的气温在立春这一天便有了明显的差异。

在立春时节，我国的一部分南方城市，比如桂林、赣州等，已经稍稍显露出温暖的气息，开始步入温和的春季。而在我国的诸多北方城市，如北京、太原等，气温则依旧处于零下，天气仍然十分寒冷。不过，只要过了立春，全国各地的气温便会渐渐升高，逐渐摆脱严寒的困扰。

节气农事

立春时往往气温较低，农业方面应当着重关注寒潮以及雨雪天气对农业生产的影响，及时做好农作物的抗寒防冻，防止立春寒潮引起农作物冻伤。

节气习俗

咬春

立春作为二十四节气之首，是岁岁年年轮回的开始，代表的是万物更新。更新，对于古人而言十分重要，因此立春在古人眼里是一个极为重要的节气。

立春

乍暖还寒

立春后五日

［唐］白居易

立春后五日，春态纷婀娜。

白日斜渐长，碧云低欲堕。

在北京、天津等地，人们常在立春时节吃生萝卜和春饼，当地的人们将这种习俗称为"咬春"。

明朝时期，民间就有立春生吃萝卜的习俗。古籍中记载："至次日立春之时，无贵贱皆嚼萝卜，曰咬春。"由此我们可以看出，至少在明朝时期，民间已经开始有立春生吃萝卜的习俗。

到了清朝时期，除了吃生萝卜外，人们还会吃春饼。但根据古籍记载，清朝民间的"咬春"习俗还是以生吃萝卜为主，只有一些少数的富贵人家会制作春饼食用。

传统习俗流传至今，春饼已经不再是大门大户的专享食物，它已经完全成为普通百姓在立春食用的家常食物。

立春祭祀

祭祀，在古时候不仅仅包含对亡故亲人的祭祀，还包含祭祀春天、春神、太岁等活动。在古代，人们认为，只有通过祭祀神明才能保证这一年的农业收成。这种盛大的祭祀典礼，放在立春这一天最为合适。

在这个万物复苏、春日伊始的日子里，人们将自己一年的希望寄托于迎春活动当中。天子、朝廷的大小官员以及众多平民，都要在立春前三日开始斋戒。到了立春之日，人们纷纷前往郊地迎接春天，祈求温暖的春日早日回归，祈求自己未来一年能够风调雨顺，生活安康。

送春牛

春牛是古人用泥土捏制的"耕牛"。在没有机器的古代，人们播种耕耘都需要用到耕牛。立春这一天，人们会将自己捏制的"耕牛"送给左邻右舍，共同期盼春天的到来。现在，一些地区仍然流传着送春牛的习俗，只不过，人们不再以泥土捏制春牛，而是用纸张绘制出神态各异的春牛代替泥制春牛。

侗族舞春牛

我国的少数民族侗族也有与春牛相关的习俗。立春这一天，侗族家家户户都要将自家的牛舍打扫干净，再以鲜嫩的青草、糯米酒饲喂耕牛，以感谢耕牛上一年为人们付出的辛劳。

到了晚上太阳落山后，侗族的人们排成长队欢庆立春。队伍打头的是戴着写有"立春"二字的大红灯笼引路的青年，中间是二人合作舞动的自制耕牛，队伍最后一群是带着牛头、边走边表演各种农耕动作的青壮年。单是舞春牛这一项活动，就要进行好几个小时。

二、春雨贵如油——雨水

　　春季的第二个节气叫作"雨水"。俗话说"春雨贵如油"，对于农民而言，雨水是一个十分重要的节气。因为这个时候冬季的严寒开始消散，气温开始回升，农作物渐渐开始生长。

　　雨水是二十四节气当中反映降水现象的节气，它通常在每年的 2 月 18 日至 20 日之间。按照"太阳黄经"的划分方法，当太阳到达黄经 330° 时为雨水。

　　经过立春节气后，我国各地的天气都渐渐回暖。到了雨水，大部分城市都开始进入春季，只有少数的北方城市（如沈阳），还依然处于阴寒天气。在这个节气，我国各地的雨水都不约而同地出现增多现象，于是人们便将这个节气称为雨水。

　　人们通常认为雨水有两层含义：其一，表示春季气温逐渐回升，降水量增多；其二，表示由冬天进入春天，雨水的形式逐渐由降雪变为降雨。在雨水时节，人们更加能够感受到春天的到来，这时候不仅仅是气温回暖、降水增多，许多动植物也开始复苏，植物开始返青生长，动物开始从冬眠中苏醒。

不过，雨水并不代表真正意义上的春天。在这个时节，春天的温暖和冬季的料峭常常交替出现，可能前一天你还觉得穿着冬天的服饰感觉燥热，后一天又会发现气温骤降，十分寒冷。怪不得老人常说"春捂秋冻"，春天气候如此变化多端，提前将冬季的厚衣裳换成轻便的春装，难免会感冒，还不如多"捂"一些时日，等天气真正变暖再替换衣裳。

地理特征

为什么在雨水这个节气，我国各地的气温会回升呢？这是因为在雨水时节，太阳的直射点从南半球向赤道靠近，中国所处的北半球，接受太阳光照射的时间和强度逐渐增加。光照多了，天气自然便会变得温暖。

再加上气温回升导致海洋上空温暖湿润的气流涌入北方，与北方的寒冷空气一接触，就形成了雨水。这也是雨水时节降雨会增多的原因。老人们常说"一场秋雨一场寒"，这句话放在雨水时节同样适用，只不过需要将它变

成"一场春雨一场暖"。每次雨水过后，各地的气温都会
回升，数次降雨之后，春天就真正来临了。

节气农事

雨水节气，植物开始生长，
这时候正是农忙时节。大麦、小
麦这类粮食作物在雨水时节开始
拔节生长、初孕麦穗，此时正是
需要养分支持的时候。农民为了
保证一年的收成，会在雨水时节
抓紧施肥。

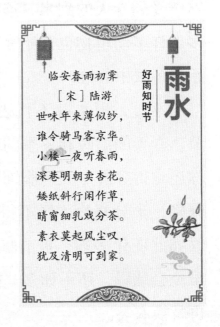

除了施肥外，农民还要做好
农作物、牲畜的防冻保暖工作。
我们知道，雨水时节常常会出现偶然的严寒，温度的骤
降极易冻伤农作物或导致牲畜冻伤死亡。因此，在这个时
节，农民也应当及时做好动植物的保暖工作，防止动植物
出现低温冻伤。

节气习俗

在四川、广西一带，雨水节气时的习俗很多，"拉保
保"就是其中之一。"保保"是当地的俗语，意思是干爹，
"拉保保"的字面理解就是"拉干爹"。

怎么"拉保保"呢？在雨水这一天，川西地区的人们

会自发来到当地固定的"拉保保"场所。大人手中通常带着准备好的酒菜、蜡烛、纸钱，带着自家小孩在人群中寻找合适的"保保"人选。看准"保保"后，孩子们便要将"保保"拉过来，大人们趁机摆好酒菜，燃起蜡烛，点燃纸钱，孩子们则在焚烧纸钱后叩头拜干爹，下酒菜一吃，"拉保保"就算成功。

川西人们认为，雨水时节"拉保保"蕴含着自己的孩子在雨露滋养下更易生长的美意。孩子们在选择"保保"时，常常以自己对未来的美好期待为寻找目标，比如瘦弱的孩子想要强健起来，便要拉来身体康健、体魄强壮的"保保"；想要以后有知识的孩子，便要拉来学识渊博、博闻强识的"保保"。

在这样的美好期待下，"拉保保"的习俗就这样被保留下来，流传了一年又一年。因此每到雨水时节，总能看到一群大人带着自家小孩穿梭在人群中四处寻觅，寻找着最适合自己的"保保"。

三、春雷惊百虫——惊蛰

惊蛰是春季的第三个节气，是仲春时节的正式开始。在这个节气里，农事相比于雨水节气时更加繁忙，同时，众多虫蚁也开始苏醒。

惊蛰是二十四节气当中反映自然生物受到节律变化影响而出现萌化生长现象的节气，它一般在每年的 3 月 5 日至 7 日之间。按照"太阳黄经"的划分方法，当太阳到达黄经 345° 时为惊蛰。

惊蛰中的"惊"是指雷声的惊动。惊蛰时节，我们常常能够听到打雷的声音，这是因为气温回升，降雨增多，导致地面的湿热空气上升，上升的空气过于强烈，就产生了雷声。除了这个原

惊蛰节气

惊蛰

因外，雷声的产生也有海洋吹来的较强的湿热空气活动频繁的影响。

惊蛰中的"蛰"是藏的意思，指代的是在冬天冬眠的动物。惊蛰，也就是惊动这些动物，使它们从沉睡中苏醒。古人认为，雷声正是上天用来唤醒冬眠的虫蚁的信号，于是便将这个节气叫作惊蛰。人们常说的"春雷惊百虫"，说的就是惊蛰时春雷惊动冬眠的动物，使得万物复苏、虫蚁行动。

不过科学研究表明，冬眠的动物们并不是因为惊雷而惊醒，而是因为惊蛰时气温回暖而苏醒。惊蛰时节，正是人们所说的"九九"的末尾。古人从冬至开始，将九天划做一组，一组为"一九"，直至数到"九九"。

九九八十一天过后，天气逐渐转暖，严寒的冬天就过去了。这时候，春天的气息已经很浓郁了——植物已经完全返青，全国各个地区，包括我国东北各省，气温都已经上升至零上。温暖的气候使得土壤中的温度也逐渐上升，植物开始生长，虫蚁也开始活跃，这才是冬眠动物苏醒的真正原因。

节气农事

俗话说"到了惊蛰，锄头不歇"，惊蛰时节，往往是农民很忙的时候。气温的上升、雨水的增多使得农作物快速生长的同时，杂草也不断生长。为了使土地的营养不被杂草吸收，农民便要尽早开始锄地。于是，惊蛰时节的田野间，我们常常能够看到农民拿着锄头在卖力地除草。

除草是惊蛰的一件大事，驱虫也是。前面我们说"春雷惊百虫"，温暖的气候使得田间的昆虫逐渐活跃起来，虫蚁的活动也给农作物的生长带来了一定的影响。如果放任它们啃食庄稼、肆意生长，必然会导致农作物生长的迟缓和产量的减少。于是，驱虫便也成为惊蛰的一大农事。

惊蛰

春雷乍响

观田家
[唐] 韦应物
微雨众卉新，一雷惊蛰始。
田家几日闲，耕种从此起。

节气习俗

惊蛰吃梨

惊蛰时节，家中的长辈常常会购买几个大梨供家人食用，这是一个流传许久的民俗。到了现代，人们也常常认为，惊蛰时节天气乍暖还寒，人容易在这种天气下口干舌燥，患上咳嗽的疾病。为了减少患上疾病的可能，人们便常常在惊蛰节气食用生津止渴、止咳祛痰的梨子。

祭祀白虎

白虎在民间传说中虽然是尊贵、权威的代表，但是在一些地区，它也代表着口舌是非，是小人的象征。古人认为，每年的惊蛰时节，白虎都会出来觅食，吞噬人类。如果人们不小心惹上了它，这一年便不会安稳度过。为了能够驱逐是非、避免今年前途不顺，人们便约定在惊蛰祭祀白虎。

惊蛰这天，人们以纸张糊制一个白虎，在纸老虎背部印上黄黑相间的竖条纹，头部点缀獠牙。随后，人们会以新鲜的猪血祭祀白虎，将肥嫩的生猪肉涂抹在老虎嘴部，期望猪血和肥肉能够满足白虎的食欲，使其不再伤害人类。

这种方法虽然迷信，但是却蕴含着我国古代人民对于美好生活的期盼，在科技不发达的时代，人们不希望自己的人生不顺，便以祭祀的方法来摆脱困苦。这一习俗一直流传至今，我国还有不少地区仍然沿袭着在惊蛰这天祭祀白虎的习俗。

节气趣事

惊蛰的由来

历史上的惊蛰最初并不叫作惊蛰，而是叫作"启蛰"。"启"有启动、开始、惊动的意思，"启蛰"的含义也与惊蛰相似。那么为什么人们不再使用"启蛰"的名称，而将其改成了惊蛰呢？我们知道，古人喜欢避讳，为了显示对皇帝或贤者的尊重，不直呼其名或者不在文章中直接书写其名，而是采用其他的文字代替。汉朝的皇帝汉景帝，全名为刘启。为了避讳君王的名字，人们便将"启蛰"改为"惊蛰"，这一名称一直沿用至今。

四、昼夜等长日——春分

　　春分，春季的第四个节气。"春分到，蛋儿俏"，在我国，每到春分时节，人们常常在这一天把玩鸡蛋，争先比着谁能第一个将鸡蛋竖立起来。

　　春分，又称"日中"，是一年当中第一个全球昼夜几乎等长的日期。在这一天，太阳光直射在地球的赤道上，全球任何地方的昼夜时长都基本相等。春分之后，太阳的直射点会逐渐向北半球转移，此后，北半球白昼的时间会一天天变长，而夜晚的时间则会一天天变短。

　　春分一般在每年的 3 月 20 日或 21 日。太阳黄经划分中，春分被当作黄道的零度，当太阳到达黄经 0° 时，这一天就是春分。

　　春分时节，除了一些常年严寒的地区外，我国各地的气温都已经稳定到了零摄氏度以上。此时，正如诗人欧阳修在《踏莎行·雨霁风光》中所写："雨霁风光，春分天气。千花百卉争明媚。画梁新燕一双双，玉笼鹦鹉愁孤睡。"春分时节，正是百花盛开、春光明媚的时候。

不过，春分时节的天气也不光只有温润的好脾气，有时候，春分的天气也会"变脸"。老人常说的"倒春寒"，描述的正是春分善变的天气。如果遇到长时间的阴雨天气或者频繁遭受冷空气的侵袭，春分时节的天气便会迅速变冷、温度骤降，令人感觉像是又回到了冬天。

节气农事

春分时节，气温上升，正是农作物生长最为迅速的时候。在我国的北方地区，春分时节时常会出现少雨的现象。在农作物生长的旺季，农民们此时会对农作物进行灌溉，以保证其正常生长所需的水分。而此时我国的南方气温回升，雨水充沛，正是秧苗播种的季节。南方的人们要根据天气状况，赶在晴天下地播种。

节气习俗

竖蛋

春分竖蛋，又叫作"春分立蛋"，是我国古来就有的一种传统民俗。早在四千年前，我国古人就已经开始以竖蛋这个游戏来庆祝春天的到来，如今这个游戏依然受到许多人的喜爱。

春分这一天，人们三五成群地聚在一起，从众多鸡蛋中挑选出一颗称心的、圆润光滑的新鲜鸡蛋，争相比拼谁能第一个将鸡蛋竖立在桌子上。

为什么一定要春分竖蛋呢？我国的古人信奉阴阳理论，他们认为，春分这天正是阴阳调和的时间，所以只有在春分，鸡蛋才可以竖立起来。

然而，春分并不是鸡蛋能够竖立的真正原因，根据科学解释，鸡蛋竖立的原因是由于鸡蛋的表面有许多小的凸起，三个凸起便能构成一个稳定的三角形。

春分
吹面不寒杨柳风

春分日
[南唐] 徐铉
仲春初四日，春色正中分。
绿野徘徊月，晴天断续云。
燕飞犹个个，花落已纷纷。
思妇高楼晚，歌声不可闻。

如果竖蛋的人们恰好找到了鸡蛋的重心，又恰好让重心线通过这个稳定的三角形，那么不用分春分秋分，也不用分早上晚上，鸡蛋在任何时间、任何地点，都能够竖立起来。

如今，竖蛋这个游戏已经不再是春分的专属，在许多节日里人多热闹时，总有人拿出鸡蛋来比试一番。而且这个游戏也逐渐流传到了其他国家，竖蛋俨然成为一个世界游戏。

吃春菜

在岭南一带有个约定俗成的习俗——春分吃春菜。春菜是一种苋科苋属植物，是当地人们极其喜爱的一种野菜。每逢春分，人们便纷纷提着篮子前往田间地头寻找春菜。在这个时节，春菜刚刚冒出新叶，巴掌大小的春菜被人们采摘回家，清洗干净后与鱼片一同煮沸，加入各种鲜美的配料，成为"春汤"。传说春汤能够洗涤肠胃，喝下"春汤"，全家老少便能平安一年。

五、梨花落后——清明

清明是春季的第五个节气，也是人们用来祭祀、扫墓的节日。除了祭祀之外，清明前后气温适宜，人们也会进行踏青、郊游等许多有趣的活动。

清明是二十四节气当中反映自然界物候现象的节气，它一般在每年的 4 月 4 日至 6 日中的某一天。按照"太阳黄经"的划分方法，当太阳到达黄经 15° 时为清明。

俗语说"清明断雪"，即便是极其严寒的北方，在清明时节气温也会完全回升，不会再产生降雪天气。因此，清明时节也是春耕春种的绝佳时机。

除了气温回升外，清明时节还有另一个气候特征——降雨。杜牧在《清明》一诗中写道"清明时节雨纷纷"，可见清明时节，也是多降雨的季节。

清明时节，各地已经基本进入了春季，冷空气已经不再占据主导地位，但是冷空气在撤退的过程中仍然时常与温暖的东南湿热空气交汇，极易形成降雨。此外，清明前后，湿热空气占据主导地位时，空气中的水汽较多，一到晚上，温度略降，这些水汽便极易形成水珠，变为毛毛细雨。这个时节多雨的天气特征在北方地区并不十分明显，在江南一带尤为明显。生活在这里的人们，每逢清明时节都要经历数天的阴雨连绵。

节气缘由

《淮南子·天文训》中记载："春分后十五日，斗指乙，则清明风至。"古代历法书籍当中认为，清明风指代的是春季常吹的东南风。与凛冽的西北风不同，东南风更加温润和煦，在东南风的吹拂下，人间的动植物都会焕发生机。清明一到，草木复苏、阳光明媚，颇有一派清新明朗、万物欣欣向荣的气象。于是，人们便将"清明"一词用作了节气名称。

节气农事

我们知道，清明多雨的特征仅仅适用于我国的南方地区。对于大部分北方地区而言，干旱少雨仍是本地区的主要天气特征，而清明时节也正是农作物生长的关键时期，为了促进农作物生长，北方农民要着重关注农作物缺水的情况，以便及时进行灌溉、施肥。南方地区气候回暖，雨水丰富，此时农民要及时辅助花果树授粉，做好稻田插秧、施肥、耕耘等工作。

寒食与清明

清明节祭祀祖先、洒扫墓地已经成为中华民族的传统。2006年，清明节这一传统节日被列入我国第一批国家级非物质文化遗产。

清明
清洁明净

清明
[唐] 杜牧
清明时节雨纷纷，
路上行人欲断魂。
借问酒家何处有，
牧童遥指杏花村。

祭祀，原本是皇家的传统，是皇家子孙表达对先祖尊崇的一种仪式。这种礼俗在千年传承中逐渐走进了民间，平常百姓也开始在这个节日祭拜祖先，表达自己对于祖先的尊重和怀念。现代人也将这一习俗保留下来，每逢清明，人们便带着冷食前往先祖的墓穴处进行祭拜。

至于为什么要用冷食，还要从清明之前的传统节日——寒食节说起。在唐代之前，寒食节和清明节并不是同一个节日。寒食节，顾名思义，是一个只能吃冷食的节日。人们在寒食节时，只能冷锅冷灶，吃冷食，不能动火。

从《周礼》的记载来看，寒食节禁火的原因主要是清明时节气候干燥、春雷多发，动用火种极易引起火灾。在这个时期，清明节和寒食节还是两个分开的节日，寒食节在清明节之前一两天，寒食禁火和清明祭祀是分开举行的。

大概到了唐朝，人们对于寒食节和清明节的划分已经没有那么明确，禁火和祭祀也已经不再有那样严格的时间划分。随着时间的流逝，寒食节和清明节的习俗最终融为一体。

节气习俗

扫墓祭祀

扫墓祭祀是清明节的主要活动。关于祭祀的习俗，不同地区的文化不同，祭祀的流程也有所不同。大体上，祭祀时人们会携带鞭炮、酒水、凉拌的饭菜、纸钱以及各种冥币祭拜祖先。祭祀完毕，人们会用祭祀用的铁锹修整墓地，去除杂草。

踏青

清明扫墓之余，人们也会进行一些郊游、踏青活动。清明踏青最早可以追溯至晋朝，自那时起，人们便开始在清明时三五结伴地外出赏玩春景。唐宋时期，踏青、春游基本上已经成为清明节的必备活动。祭祖后，人们常会直接前往郊区等春色盎然之地游玩，这一习俗也一直延续至现代。在清明的三天假期中，除了祭祖之外，人们也常常以家庭为单位进行春游，或是在当地的公园，或是在故乡的田野。总之，总有一处是人们欣赏春色的好去处。

插柳

在屋檐或者门前插柳是我国民间许多地区在清明的传统习俗。清明节又被称作鬼节，古人认为，杨柳有驱鬼辟邪的妙用，将柳条插于门前，鬼怪便不会入户。虽然现代人们已经很少相信神鬼传说，但是插柳这一习俗却被保留下来，每到清明新柳发芽时，人们常常会取垂柳枝条插于门前，以期盼清明平安。

六、断霜回暖——谷雨

春季的最后一个节气是谷雨，谷雨时节，寒潮天气已经基本结束，是农民种瓜点豆的绝佳时节。

谷雨是二十四节气当中反映雨水变化的节气，它通常在每年的 4 月 19 日至 21 日之间。按照"太阳黄经"的划分方法，当太阳到达黄经 30° 时就是谷雨。

古人说"雨生百谷"，意思是雨水增多，谷物生长迅速。正是由于这个时节雨量丰沛，人们便以"谷雨"一词命名这个节气。谷雨时节，气温回升迅速，雨水明显增多。不同于清明的毛毛细雨，谷雨的雨量明显更大。

到了谷雨时节，时令将从暮春进入夏季。各地的气温已经较高，南方有些地区此时偶尔会出现三十摄氏度以上的高温天气，北方地区的气温也能够达到十几至二十几摄氏度。这个时节，种植杨柳的地区已经陆续出现杨柳絮飘飞的现象，北方的各种果树也会竞相开花。各地新播种的谷物也会在这个季节苗壮成长。

节气农事

谷雨对于农民而言是一个极其重要的节气，此时田间的秧苗初播，正是需要雨水滋润的时候。这个时候，南方大部分地区的雨水是十分充足的，根据历年经验来看，南方大部分地区在谷雨时节的降雨量能达到 40 毫米左右，大量的雨水已经能够满足谷物的生长。而北方的雨水较少，在四月下旬的降雨量大多不能达到 30 毫米。暮春的干旱极易造成农作物生长缓慢，因此，北方农民应更加注重春季灌溉。

节气习俗

采茶

在我国的南方，谷雨是最佳的饮茶时节。人们认为，用谷雨这天采摘的茶叶冲泡茶水，喝了能够明目辟邪、清火消气。所以，即使是谷雨这天阴雨连绵，南方的男女老少也都会上山摘茶。

祭海

祭海节是谷雨的一个特色节日。在谷雨时节，气温上升，海水回暖，数百种鱼类的生活范围逐渐从深海转移至浅海，此时正是渔民下海收获的季节。

谷雨这天，下海之前，人们会举行祭海活动。祭海时，家家户户都要带着统一制成的祭品前往海岸祭祀。海岸边，人们将去毛的肥猪、白胖的猪仔馒头摆放整齐，磕头叩拜，然后点起鞭炮、燃起香纸，一同面向大海祈求出海平安，场面十分热闹。有的地方不在海边祭海，而是在修缮完好的海神庙中祭祀。不过，无论祭祀的地点在哪里，渔民们的心愿都十分一致，都是

谷雨

不风不雨正晴和

晚春田园杂兴
［宋］范成大
谷雨如丝复似尘，
煮瓶浮蜡正尝新。
牡丹破萼樱桃熟，
未许飞花减却春。

期望能够得到海神的庇护，在出海后满载而归，平安返航。

对于海洋的憧憬和畏惧，是祭海活动产生的主要原因。虽然现代人不再相信海神的存在，但是祭海这一传统习俗却被人们保留了下来。

吃"春"

香椿是一种十分美味的蔬菜，在我国的许多地区，谷雨时节，家家户户都要吃香椿，这一习俗也被许多地方叫作吃"春"。

人们常说"雨前香椿嫩如丝，雨后椿芽如木质"，食用香椿的最佳时候，就是谷雨时节。在谷雨之前，家家户户就将香椿采好，等着谷雨这天吃"春"。或将香椿用水烫熟凉拌，或将香椿与鸡蛋炒制，或将香椿与其他配菜包成包子。虽然各地对香椿的吃法不同，但不论是哪种吃法，谷雨这天，香椿悠然的香气总会从家家户户的厨房里钻出来，陪同人们一起送走春天。

谷雨贴

在山西、陕西一带，谷雨时节，人们要禁杀五毒、贴谷雨贴。相传谷雨贴最初是张天师为了禁止毒蝎扰乱百姓生活而绘制的一种符咒，在后来的演变中，逐渐成为一种传统文化。谷雨时，气候温和，毒虫蛇蚁等害虫陆续开始活动，人们为了防止毒蝎等毒物伤害身体，便在谷雨这天在家中张贴谷雨贴，以祈求害虫灭亡、生活安定。

第三章

夏季六节气

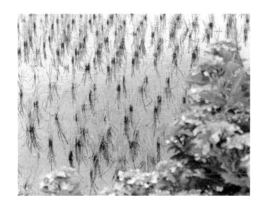

一、盛夏伊始——立夏

> 立夏之时，天气不像春季那样多变，不像盛夏那样燥热，对于人们而言，立夏时节是最舒适的时节之一。

立夏，二十四节气当中的第七个节气，也是夏季中的第一个节气，它通常在每年的 5 月 5 日至 7 日之间。同立春标志着春天的开始一样，立夏标志着夏季的开始。按照"太阳黄经"的划分方法，当太阳到达黄经 45° 时为立夏。

立夏时节，全国各地的气温已经完全回升，炎热的苗头已经初现。不过，按照气候学的标准，只有连续五天日均气温达到 22℃ 以上才能称为夏季。这样一来，我国的北部地区虽然已经在经历立夏这个节气，但是实际上，仍然处于春季的气候。因为在北方，气温虽然已经稳步升高，但是连续五天平均气温达到 22℃ 还稍稍显得有些勉强。

南方则不同，从我国的福建福州至南岭一带以南，气温已经完全达到了夏季的标准，在这些地区，30℃以上的天气时常可见，平均气温也早已超过夏季的标准。

在降雨方面，这时候南方仍然雨水丰沛，北方仍然干旱少雨。此时中国南部降雨的特征已经夏季化，雷雨出现的概率更加频繁。如果你在南方生活，立夏时节便可能时常遇到狂风骤雨。一阵风吹雨打的天气过后，天空又骤然放晴，这是南方夏季雷雨天气常见的现象。

此时的中国北部，雷雨天气则比较少见，有些地区甚至在立夏后的十几天都不会下雨。这是因为北部地区此时还处于春季气候中，由于大风过多，空气中的水汽并不足以汇聚成降雨。加上大风还会使土壤中水汽蒸发速度加快，所以立夏时节的北方相较于春季会显得更加干旱。

节气农事

立夏时节，农事也较为繁忙。在南方，由于雨量过多，农民要及时排水，防止农作物的根部由于长时间泡在水中而引起溃烂。且南方在这个时节，正是小麦抽穗传粉的重要时期，稍加不慎，便可能感染赤霉病，因此南方的人们此时应当着重注意药物防治，及时杀灭病菌。而在北方，这个季节仍然需要注意防止农作物干旱。北方的小麦等作物也即将迎来抽穗期，此时如果水分不足，极易引起农作物减产。因此，在必要时，农民应当及时进行灌溉补水。

除了降水因素引起的农业灾害外，立夏时节也是各地农民除草的关键时节。俗语说"立夏三天遍地锄"，这个时期的杂草不仅生长迅速，而且处于结果期，如果不加处理，将影响来年农作物的生长。因此，除草也是这个时节重要的农事。

节气习俗

迎夏

迎夏活动是夏天的第一场传统民俗。相传迎夏活动在周朝就已经开始流行，每逢立夏，天子就要带着文武百官前往京城的郊区迎夏，并祭祀火神祝融，以请求火神保佑民间整个夏天能够风调雨顺。

随后的多个朝代也将立夏迎夏这一习俗传承下来，尤其是在宋朝，迎夏祭祀的活动更加

立夏

清风无力屠得热

立夏
[宋] 陆游
赤帜插城扉，东君整驾归。
泥新巢燕闹，花尽蜜蜂稀。
槐柳阴初密，帘栊暑尚微。
日斜汤沐罢，熟练试单衣。

隆重。参加迎夏活动的人们，不仅要在出发前沐浴斋戒，还要提前准备好朱红色的礼服、配饰、马匹等物品。迎夏

活动当天，王公贵族、平民百姓都穿着统一颜色、统一形制的服饰。祭祀火神时，人们会点燃精心制成的各种蜡烛和香料，摆放各种珍贵的贡品，并在皇帝的带领下虔诚地叩拜。

如今的迎夏活动已经不像之前那样隆重，并且大多为地方群众自发组织的活动。在立夏活动中，人们不再祭祀火神，更多的是烹饪立夏食材，以送走暮春，迎来初夏。

斗蛋

春分有竖蛋游戏，立夏有斗蛋游戏。立夏当天，大人们会将鸡蛋带壳煮熟，放凉后装到网袋当中分发给孩子们，孩子们则三五成群地开始斗蛋。

斗蛋游戏是这样玩的：鸡蛋分为尖头和圆头，斗蛋时，只能以尖头对尖头，圆头对圆头。孩子们以排长队的形式开始斗蛋，鸡蛋相碰，谁的鸡蛋碎了，谁就输了，这么一个接一个地斗过去，最终剩下的那个鸡蛋的主人，便是斗蛋王。

斗蛋游戏的初衷是为了让孩子们多吃鸡蛋。老人们常说"立夏胸挂蛋，孩子不疰夏"，夏天气温炎热，孩子们常常出现厌食的症状，通过斗蛋游戏，孩子们便能多吃些饭菜，以保证身体的成长。还有一种说法是，鸡蛋的形状酷似心脏，立夏吃了鸡蛋，能使孩子们的精气神儿不受亏损。

立夏"秤人"

立夏时候，人们还会以木秤称人的体重。称重时，抬秤人将秤抬起，掌秤人一边由小到大拨动秤砣以掌握被称人的真实重量，一边说各种吉祥话，希望能带给被称人好运。

二、麦穗初齐稚子娇——小满

立夏之后，小满到来，田间生长的麦穗已经停止向上生长，逐渐结出麦穗。远远望去，麦田里的麦苗基本齐平，麦穗逐渐硕大。俗话说"麦穗初齐稚子娇"，难怪人们常将小满的麦穗与孩童相比，麦穗和孩童的苗壮成长，还真有几分相似之处！

小满是二十四节气当中的第八个节气，也是夏季的第二个节气，它通常在每年的 5 月 20 日至 22 日之间。按照"太阳黄经"的划分方法，当太阳到达黄经 60° 时为小满。

小满反映的是万物生长受节律变化影响的现象。小满时节，农民种植的许多夏季作物都开始逐渐饱满，但是此时的穗粒仅仅是刚刚饱满的程度，距离完全饱满成熟还有一段时间，于是人们就将这个节气叫作"小满"。

迎来小满之后，全国各地包括我国的北方，基本已经进入夏季。南北方的天气此时已经不再像春天时那样相差巨大，全国各地的温差也在逐渐缩小，尤其是北方，温度的上升将变得更加明显。

除了温度的上升外，小满前后，雷暴天气的出现也变得频繁起来。此时，我国的南方极易出现暴雨以及特大暴雨的极端天气。北方虽然雷雨天较少，但是雨水出现的频率也开始上升。此时，全国各地都应当提高警惕，防止狂风、雷电、暴雨等恶劣天气损害人身财产安全。

节气农事

小满雨水多，麦穗生长迅速，但是也容易遭受各种病虫害。此时，农民应当抓紧时间进行小麦驱虫，及时向麦田喷洒农药。水稻产区则应当注意及时进行夏季插秧。

节气习俗

祈蚕节

祈蚕节是我国江浙一带的传统节日。在我国历史悠久的男耕女织文化中，南方纺织的原材料主要采用蚕丝。相传小满之日正是蚕神的诞生之日，蚕神诞生之后教会了人们养蚕抽丝，人们为了感谢蚕神，便将小满定为了祭祀蚕神的节日。每到这一天，家家户户供奉蚕神，祈求自家的蚕能够产出更多蚕丝，自己的生活能够更加幸福美满。

吃苦苦菜

苦苦菜是一种遍布全国的野菜，因吃起来滋味略苦而得名。这种野菜在新鲜时没有特殊气味，晒干后有臭酱气，因而也被人们称为"败酱菜"。

小满吃苦苦菜是自周朝传下来的习俗。《周书》中写道："小满之日苦菜秀。"在生产力不发达的古代，小满时节麦穗还没成熟，过冬的储粮也所剩无多，为

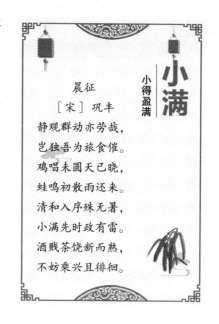

晨征

［宋］巩丰

静观群动亦劳哉，
岂独吾为旅食催。
鸡唱未圆天已晓，
蛙鸣初散雨还来。
清和入序殊无暑，
小满先时政有雷。
酒贱茶饶新而熟，
不妨乘兴且徘徊。

小满

小得盈满

了节省粮食，人们便从田间采摘苦苦菜食用。虽然苦苦菜吃起来略带苦味，但是这种苦味中却带着一点甜。用水烫熟后凉拌，入口反而能够使人觉得清新可口。并且，苦苦菜中还含有人体所需的多种维生素和矿物质，对于人体十分有益。

如今，小满吃苦苦菜这一习俗虽然在民间仍然保留着，但是人们食用苦苦菜已经不再是为了用它填满自己空空如也的肚皮了。有人猜测，人们之所以仍然热衷于吃苦苦菜，可能是因为苦苦菜中的苦味能消暑解热、有益脾胃。

三、成熟与收获的节气——芒种

　　单念"芒种"二字，我们很容易想到"忙种"。芒种节气，应当说是农民最繁忙的时节，在这个时候，夏收的小麦已成熟，人们要赶着将小麦及时收割，收完小麦，还要忙着种谷子等作物，农活可以说是一茬赶一茬。

芒种是二十四节气当中的第九个节气，也是夏季的第三个节气，它通常在每年6月5日至7日之间。按照"太阳黄经"的划分方法，当太阳到达黄经75°时为芒种。

芒种是二十四节气当中反映农业物候现象的节气。芒种中的"芒"指的是大麦、小麦这类有芒植物。"种"指的是谷物、黍类等农作物。"芒""种"合为"芒种"，指的是小麦成熟和谷物耕种的季节。

芒种时节，夏季已经完全到来，全国各地都已经进入到炎热的夏季。这个时节，各地的雨量都十分充沛，气温相较于以往有显著提升。在我国的中部和偏北部地区，35℃以上的高温天气已经开始频繁出现。南方大部分地区温度更高，时常能够达到37℃以上，此时人们已经能够感觉到酷暑将至。

不过，这时候天气虽然炎热，降雨却不会减少。芒种时节是一年之中降水量最多的时节，尤其是长江中下游地区，将陆陆续续进入梅雨季节。在梅雨季节里，人们时常很久见不到阳光。日照的减少往往伴随着温度的降低，因此，处于梅雨季节的地区，人们时常会感觉到一丝阴冷。

节气农事

芒种时节，最为重要的农事便是收获。小麦等冬种作物的成熟和收割，是农民一年之中非常快乐的时光。现在，除了一些机器不能抵达的山区外，小麦的收割基本上都依靠机器。人们只需要往田间一站，看着收割机在麦田里前前后后地工作，不过一会儿工夫，便能载着麦粒回家。

小麦收割完毕，还有一件事

在等着农民赶紧上手——播种。在我国的大部分地区，冬
播的小麦一收割，夏播的谷物就要下地了。农民们要趁着
芒种时节，赶紧将种子撒下，高温加上丰沛的雨水可以使
播下的种子能够迅速发芽生长。错过这个时节，播撒的种
子将不会有好的收成，难怪人们常说"芒种不种，再种无
用"。

节气习俗

送花神

送花神是我国古人在芒种
时节的传统祭祀习俗。芒种时
节，酷暑降临，春季盛开的百花
陆陆续续开始凋零，此时便是人
们祭送花神的日子。人们感念花
神为人间送来的百花齐放，在百
花落尽前，各家各户都前来祭拜
花神，共同欢送花神离开，并期
盼明年与花神的重逢。不过，送
花神的习俗在现代已经少有人
知晓。

芒种

东风染尽
三千顷

时雨

[宋] 陆游

时雨及芒种，四野皆插秧。
家家麦饭美，处处菱歌长。
老我成惰农，永日付竹床。
衰发短不栉，爱此一雨凉。

打泥巴仗

打泥巴仗节是在贵州一带生活的侗族在芒种前后的传

统节日。节日这天，新婚的青年夫妇会要求自己要好的朋友到田间集体插秧。这时候的田野不仅仅是秧苗的生长基地，也是青年男女们互扔泥巴的"战场"。在插秧的同时，人们一边快速弯腰按下秧苗，一边迅速从田间挖出一把淤泥扔向其他同伴，在嬉笑打闹中完成插秧，最终身上泥巴最多的人，就成为当天泥巴仗中最受欢迎的人。每年打泥巴仗节，侗族的青年男女个个都斗志昂扬，互相争抢着当身上泥巴最多的人！

煮梅

芒种时节，南方的梅子已经成熟，煮梅就成了南方各地的传统习俗。刚刚采摘的梅子味道十分酸涩，入口往往难以下咽。为了使梅子更加香甜可口，人们便想出了煮梅的加工工艺。梅子经过煮制之后再入口食用，不仅涩味全无，还更加酸甜可口。

四、日长之至，日影短至——夏至

春分时，全国昼夜时长相等，夏至时，全国白昼最长。夏至之后，北半球各地的白昼时长将一日少过一日。

夏至是二十四节气当中的第十个节气，也是夏季的第四个节气。它通常在每年 6 月 21 日或 22 日。按照"太阳黄经"的划分方法，当太阳到达黄经 90°时为夏至。

夏至是二十四节气中最早被确定的一个节气。《周礼》当中记载，早在公元前 7 世纪，人们就已经开始用土圭（古人用于计时的一种仪器）测量日影。掌管土圭的官吏在测量日影时发现夏至这天的日影最短，后来便将这一天称为夏至。

夏至时节，天气十分炎热，由于地面温度较高，傍晚时分，地面热气上升，极易与上空的冷空气形成对流，进而形成雷阵雨。这个时节，我们经常会遇到这样的情况，明明白天还是艳阳高照，到了晚上却忽然下起了暴雨。不过，暴雨过后，炎热的天气能够稍加缓解，对于处在炎热夏天的人们而言，这种暴雨反而会让人感到十分舒适。

暴雨天气除了经常出现在傍晚以外，还有另一个明显的特点——降雨范围小。这种现象类似于唐代诗人刘禹锡在《竹枝词二首·其一》中描述的"东边日出西边雨，道是无晴却有晴"的场景，不过夏至的暴雨并不像诗句中那样充满意境，而是带有一定的破坏性。冷热气流的交汇，很容易产生冰雹等恶劣天气。冰雹雷暴天气不仅会影响农作物生长，还有可能使人受伤。

节气农事

相较于芒种时节极其忙碌的农事，夏至的农事十分微少。此时的农作物刚刚播种，田间并没有特别多的农活需要人们完成，这时候是种植小麦、水稻等农作物的农民休憩的好时机。

而种植果树的农民便没有这么好的机会了。夏至时，西瓜、火龙果、桃子等水果陆续成熟，

圆荷始散芳

夏至

夏至避暑北池

［唐］韦应物

昼晷已云极，宵漏自此长。
未及施政教，所忧变炎凉。
公门日多暇，是月农稍忙。
高居念田里，苦热安可当。

此时正是果农采摘收获的时节。对于果农而言，不仅要挑
选合适的时间将水果及时采摘，还需要防止冰雹等灾害影
响水果的质量。对于他们来说，这既是一个收获的季节，
也是一个忧心的季节。

节气习俗

夏至吃面

我国民间有"冬至饺子夏至面"的说法，夏至这天，
许多地区都有吃面的习俗。在古代，每逢夏至，人们会以
新脱粒的小麦磨面制成面条来供奉面神。夏至祭祀，一方
面是用来感谢面神对自己家庭的保佑，另一方面是庆祝今
年的丰收。后来，祭祀面神的习俗逐渐在历史传承中被人
们忽略，但夏至吃面这个习俗却被人们保留了下来。现在
人们夏至吃面，主要是为了消减暑气，减少因长时间的油
腻饮食带来的肠胃负担。

夏至九九歌

"数九寒天"是我们耳熟能详的一句民间用语，它
出自我国古人编制的《冬至九九歌》。其实，除了《冬至
九九歌》外，夏季也有一首"九九歌"——《夏至九九
歌》。这是一首记录在湖北省老河口市禹王庙中的民俗歌，
人们从夏至开始，将夏天以九天一组分为了九组，共计
八十一天。

夏至九九歌

湖北·禹王庙

夏至入头九，羽扇握在手；

二九一十八，脱冠着罗纱；

三九二十七，出门汗欲滴；

四九三十六，卷席露天宿；

五九四十五，炎秋似老虎；

六九五十四，乘凉进庙祠；

七九六十三，床头摸被单；

八九七十二，子夜寻棉被；

九九八十一，开柜拿棉衣。

夏至开始的前九天，天气不甚炎热，人们只要手拿羽扇便可抵御；二九时，天气已经开始燥热起来，此时已进入了小暑，穿着轻薄的罗纱也会使人燥热难耐；三九、四九是夏季最热的时间，此时出门已经是汗流浃背，夜晚想要度过炎热的酷暑，就只能露宿星空之下了；五九、六九时，时间已经进入秋季，天气虽然稍稍凉了下来，但是偶尔还是会有那么一两天让人感到炎热；等到了七九的时候，天气就已经渐渐转凉，入睡都已经要盖着床单了；到了八九、九九的时候，已经快要进入冬季，天气已经完全转凉，此时人们再也感受不到夏季的炎热，反而要以棉衣棉被御寒了。

　　这首《夏至九九歌》虽然并不为多数人知晓，但是却十分符合我国大部分地区的夏季状况。

五、暑热的开始——小暑

　　小暑一到，炎热的夏天就要开始了。如果此时你正处在小暑时节，一定会觉得燥热难耐、大汗淋漓。

　　小暑是二十四节气当中的第十一个节气，也是夏季的第五个节气，它一般在每年7月6日至8日之间。按照"太阳黄经"的划分方法，当太阳到达黄经105°时为小暑。

　　小暑是二十四节气当中反映气温变化的节气。古人将暑热分为大、小两种，小暑则意味着暑热的开始，指天气已经开始炎热，但尚未达到最热的程度。

　　小暑时节，全国气温升高，平均气温基本上达到30℃至35℃。此时南方的梅雨季节已经结束，降雨量的减少，使得南方的气候逐渐干燥起来。不过，此时大多数的南方地区还是会出现一些雷暴天气，人们仍然应当实时关注大风、冰雹、雷电等天气的出现。此时北方的降雨则会有所增加，尤其是我国的东北地区，会出现大量的雷雨天气。

节气农事

小暑时，南方的降雨会相对减少，由于天气炎热，水汽蒸发较快，农民应当做好防旱工作，防止农作物出现缺水现象。对于北方地区而言，小暑时节的降雨会有所增加。强对流天气下，雨量呈现骤然增加现象，此时农民应当及时做好防涝工作。

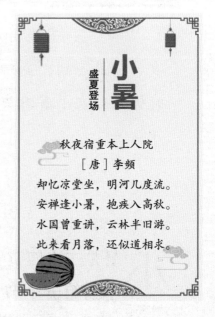

小暑
盛夏登场

秋夜宿重本上人院
［唐］李频
却忆凉堂坐，明河几度流。
安禅逢小暑，抱疾入高秋。
水国曾重讲，云林半旧游。
此来看月落，还似道相求。

对于全国而言，暑热当中，农作物以及杂草生长迅速，各地均应及时做好除草工作，防止杂草影响农作物生长。

棉花种植者在此时应当尤为注意，时至小暑，棉花已经进入到开花结铃的时期。各地农民应当根据当地的情形适当灌溉，以满足棉花生长的水分需求。对于即将可以收获的棉花，农民应当关注天气的变化，防止棉花产量因暴雨天气而导致损失。

节气习俗

食新

"食新"是我国古代的一种传统习俗，这种习俗在古时候的南方尤为兴盛。人们将新收割的稻谷、小麦等磨成新粉，制成各种食物供邻里四舍食用，以表达对明年丰收的希冀。有些地区，小暑之后会有以新面制饺子的习俗。在物资匮乏的年代，人们吃一次饺子显得十分困难。于是，薄皮大馅的饺子便成为人们在节日里常备的食物。加上小暑时节天气暑热难耐，人们往往食欲不振，以飘香的饺子为食，则能使人们胃口大开。

吃藕

江南地区素来有小暑吃藕的习俗。小暑时节，人们将新采摘的莲藕用小火煨熟，再用利刀将煮熟的莲藕切成薄片，薄片当中加入甘甜的蜂蜜，便成为人们常吃的小暑凉菜。"藕"字谐音为"偶"，我国的古人素来喜欢双数，加上小暑时节莲藕初长成，小暑吃藕便成为一种民间习俗。

节气养生

饮食

小暑时节天气十分炎热，人们极易感到心烦气躁、困倦无力。在这种炎热的天气下，人们适宜吃一些清淡的食物，以保证自身气血和缓、心情舒畅。此外，天气炎热

时，人们最喜欢喝的就是冷饮，但需要注意的是，冷饮虽
然能够一时解决人们的暑气燥热，但是过多饮用会导致肠
胃不适，甚至出现肠炎等突发疾病。所以，小暑时节以冷
饮消减暑气要注意适量。

运动

俗话说"心静自然凉"，小暑时节，人们不宜做激烈
的活动，尤其是在室外温度极高的情况下。炎热的天气容
易使人患中暑等暑热病症，人们在外出时，应当配备遮阳
帽等工具，并尽量减少户外活动。

六、一年最热——大暑

小暑时节天气已经十分炎热，但是小暑还并不是夏季最炎热的时节。夏季最炎热的时节是大暑。大暑有多热呢？白居易在诗中说："时暑不出门，亦无宾客至。"原来，在大暑的时候，天气已经炎热到人们都不愿出门了！

大暑是二十四节气当中的第十二个节气，也是夏季的最后一个节气。它一般在每年 7 月 22 日至 24 日之间。按照"太阳黄经"的划分方法，当太阳到达黄经 120° 时为大暑。

同小暑一样，大暑也是反映气温变化的节气。相比于小暑的炎热，大暑的炎热更甚。此时，我国大部分地区都处于一年当中最热的时期，且此时南北方的温度差异很小，气温基本持平。在大暑时节最热的几天，各地的气温基本都能达到 35℃，在更加炎热的地区，气温甚至能超过 40℃。

比如人们俗称的三大"火炉城市"——南京、武汉和重庆。在大暑时节，这三个城市是我国气温最高的地区，40℃以上的天气屡见不鲜。现如今，"三大火炉"还有变为"四大火炉"的趋势，郑州、南昌就是这第四大高温地区的最佳候选城市。最近几年，郑州、南昌在大暑时节的气温"表现优异"，这两个城市不仅高温天气旷日持久，就连最高温度都已经出现了赶超三大"火炉城市"的趋势。

除了气温高以外，大暑时节还有一个明显的特点——雷雨增多、干旱凸显。大暑时节，雷电天气出现的频率极高，各地的降雨都以雷雨为主，尤其是我国华南地区西部，雷雨天气常常伴随着高温出现。

但是，雷雨天气虽多，土壤却依旧干旱。高温是雷雨产生的原因，也是干旱产生的原因。雷雨过后，炎热重返大地，高温天气使得水汽蒸发过快，因此也就容易出现干旱的现象。如果遇到长时间高温不下雨的天气，夏季农作物很容易干旱而死。

节气农事

暑热时期，水分蒸发迅速，干旱现象严重。此时，快速生长的植物尤其需要补充水分，因此农民应当及时做好暑期灌溉工作，防止农作物因干旱造成生长减缓。

在我国一些种植双季稻（一年两次种植、两次收割的水稻）的地区，如湖南等地，大暑是早稻收割的时节，农民应当根据天气变化及时收割早稻，并利用雨水天气播种晚稻。

节气习俗

送大暑船

在浙江沿海，每逢大暑都会有送大暑船的传统民俗。"大暑船"是人们在大暑节前赶制的帆船，它的大小与民间的普通渔船一样，长约十五米，宽约三米。在大暑船内，人们设有神龛（一种供奉神佛塑像、先祖灵牌的小阁）、香案等供奉设备和桌椅板凳、水缸、米缸、床榻等各

种生活用品。船身还围有红黄相间的各种装饰，十分喜庆好看。

大暑之前，人们将大暑船赶制完成。随后，人们会将自家准备的各种供奉礼品送到指定的五圣庙装船。待到大暑之日，人们伴着锣鼓歌舞和鞭炮声，一起向大暑船叩

拜，将大暑船送向大海。人们认为大暑船漂得越远就越吉祥，因为这代表着"五圣"已经接受他们的心意，以后会保佑他们平安。

"五圣"是指张元伯、刘元达、赵公明、史文业、钟仕贵五位凶神。传说在古时候，大暑前后，浙江一带地区常常有疫病流行，许多人甚至因疫病丧命，当地人认为是他们不供奉"五圣"，导致"五圣"暴怒所致。为了消灾祈福、驱除疫病，人们便在当地建起了五圣庙，祈求"五圣"能够将疫病消除，保佑大家平安。当地人们为了让"五圣"看到他们的供奉之心，便约定在大暑时节集体叩谢"五圣"，并制作无人乘坐的大暑船，将贡品运给"五圣"。

后来，每年的大暑时节，人们都会自发地组织制造大暑船。这一习俗也传至后代，如今在浙江的临海地区，每逢大暑，人们依然会赶制大暑船，争相为"五圣"献上贡品。

吃仙草

仙草，又称凉粉草，是广东、广西、江苏、浙江、台湾一带的常见植物。大暑时节，广东、台湾等地常流行吃仙草。仙草晒干之后煮熟，加入各种香甜的配料，便成为人们爱吃的烧仙草。冷藏后的烧仙草更是冰凉微甜、清新爽口，盛夏暑热之中来一碗，自然是"快乐似神仙"了。怪不得当地的人们常说"六月大暑吃仙草，活如神仙不会老"。

喝暑羊

在山东一带，大暑时常常以"喝暑羊"的方式度过。大暑时节，农忙结束，人们可以坐在家中消暑。休憩时吃什么好呢？米面都吃腻了，来点肉食享受吧！于是在农闲期，山东的人们便常常来到当地的羊汤馆，在暑热当中喝一碗羊汤，落一落大汗，排一排湿气。大暑时"喝暑羊"的人多了，"喝暑羊"便成为一种习俗流传下来。

第四章

秋季六节气

一、孟秋伊始，炎热将去——立秋

送走大暑，秋天就要来了。秋天的第一个月，人们常常将其称为"孟秋"。孟秋时节，常常让人联想到凉风习习、天高云淡。不过，孟秋并不完全都是凉爽的日子，比如立秋时节虽然处于孟秋，但是暑热却并未散去，天气还十分炎热。

立秋是二十四节气当中的第十三个节气，也是秋季的第一个节气。它一般在每年8月7日至9日之间。按照"太阳黄经"的划分方法，太阳到达黄经135°时为立秋。立秋代表着秋天的到来，是炎热夏季与凉爽的秋季的转折点。立秋之后，各地的气温便会逐渐转凉，凉爽的秋天也将渐渐到来。

不过，立秋时节的天气还是异常炎热。按照气候学的观点，连续五天日平均气温在22℃以下才为秋季。而此时全国各地还处于三伏天的末尾，暑热之气还未消散，各地的气温仍然延续着大暑的高温。因此，立秋时节并不是实际意义上的秋天。

节气农事

立秋时节，夏播作物正处于生长旺盛期。谷物开花、大豆结荚、玉米抽丝、棉花结铃……各种农作物生长均需要充足的阳光，此时高温天气对于农作物而言十分重要。民间流传"雷达秋，冬半收"的谚语，如果立秋时节的气温下降过多，农作物的产量将大大降低。当然，在高温天气下，水分蒸发过快，立秋时节最重要的农事是灌溉。

此外，立秋时节也是病虫害高发的时期。天气即将转凉，昆虫进入交配期，此时农民应当加紧防治病虫害，及时喷洒农药，消灭害虫。

节气习俗

贴秋膘

立秋时节，民间仍然流行"秤人"的习俗。人们在这一天重新拿出秤杆，逐个称重，再与立夏时的体重比较，看看炎热夏季过去，自己有没有因为胃口不好使得体重减轻。通常情况下，炎热夏季时，人们饮食十分清淡，因此体重也会略轻一些。称完体重，人们便要开始贴秋膘了。立秋之前，人们会买回大量的猪肉，等到立秋这日，将这些猪肉炖熟，做成各种美食激起食欲，以弥补夏季体重的损失。

啃秋

立春有"咬春"的习俗，同样，立秋也有"啃秋"的习俗。在天津、江苏、浙江等地，立秋这天，人们习惯吃西瓜、香瓜等水果，意为"将炎夏快快送走，将凉秋迅速留住"。如今，西瓜已经成了消暑的最佳水果，每逢夏季，人们便会时常从集市买回西瓜，或切成半圆，或切成小

一枕新凉
一扇风凉

立秋

山居杂诗
〔宋〕曹勋

今岁立秋早，便觉驱探汤。
虽有正午热，已觉中夜凉。
麻豆率房角，早禾亦上场。
吾心喜可知，纪实藏诗章。

块，围坐在一起大快朵颐，让爽口的西瓜驱散炎热。

秋社

社神，即土地神，秋社是古人祭祀土地神的节日。旧时人们认为，农作物产量的多少都是由土地神掌管，只有供奉好土地神，农作物的产量才能提高。于是，每年立秋时节，人们都会准备各种食物供奉土地神，以祈求年岁丰收，万物归仓。

晒秋

晒秋是江西篁岭古村最传统的节日。每年立秋，各种

果蔬已经成熟，为了方便储存，人们要将这些果蔬集体晒干，再进行封存。由于篁岭地势陡峭，能用来晒果蔬的地方非常少，于是人们只好将果蔬晾晒在自家房屋的窗台、屋顶。久而久之，立秋这天便成了人们晒秋的好时节。每年立秋，人们便趁着阳光好的时候将果蔬晾晒出来，家家户户均是如此，篁岭古村也因此成为游人欣赏农家风情的好去处。

二、暑气至此而止——处暑

秋季的凉意不是随着立秋的到来而来，而是随着处暑的脚步而来。处暑时节，各地的气温已经不再延续以往的威风，温度开始慢慢降下来。

处暑是二十四节气当中的第十四个节气，也是秋季的第二个节气。它通常在每年 8 月 22 日至 24 日之间。按照"太阳黄经"的划分方法，太阳到达黄经 150° 时为处暑。

处暑是二十四节气中反映气温变化的一个节气。"处"有"终止、躲藏"的意思，处暑也就是暑气消去之意。在处暑时节，暑热已经消去不少，特别炎热的天气已经不再像三伏天那样常见。这时候气温降低是由于蒙古冷高压气流的侵袭。随着太阳直射点南移，北半球的太阳辐射开始慢慢减弱，冷空气开始渐渐占据主导地位。

在这个季节，我国南北气温的差异开始慢慢变大。在南方，处暑时节的天气仍然炎热，只不过极端炎热的天气已经慢慢减少，取而代之的是比较温和的炎热。在这段时间，天空经常万里无云，太阳光直射地面，气温回升较快。但由于此时空气中的水汽较少，炎热的程度已经大大降低了。

在北方，气温相较于暑期已经有了较大的回落，东北等地已经开始进入秋季。偏北地区，如北京、太原、西安等地，天气尚未受到较多冷空气的影响，温度虽然有少许的回落，但大体上仍能达到 22℃以上。"一场秋雨一场凉"，温暖的天气并不会持续太久，随着雨水的到来，全国范围内的气温将渐渐降低，这才真正进入到秋天。

节气知识

处暑时节，秋收在即，昼暖晚凉的天气对于农作物的成熟十分有利。我们知道，植物会进行光合作用和呼吸作用。光合作用就如同蜜蜂采蜜，是植物将阳光、水汽和土壤中的营养物质转换为自身能量的过程，也就是植物生长发育的过程。呼吸作用则是植物将自己细胞内的有机物转化为二氧化碳、水等物质的过程。

白天有光的时候，植物会进行光合作用和呼吸作用，到了夜晚，阳光不见了，植物则只会进行呼吸作用。呼吸作用的强度是与温度的高低相关的，在气温较高的情况下，植物的呼吸作用较强，消耗的能量较多，反之则消耗的能量较少。

处暑节气时白天温度高，植物通过光合作用储存能量，通过呼吸作用进行能量消耗，按照二者强度的不同，最终植物能够储存大量的能量。晚上温度低的时候，由于呼吸作用的强度减弱，能量消耗减少，白天储存的能量就能储存得更多，最终将变成植物丰硕的果实。

节气农事

处暑时节，植物生长旺盛，尤其是各种果树，正处于根系生长的高峰期，农民此时应当注意及时施肥，以促进农作物的快速生长。

节气习俗

祭祖

处暑前后，正是农历中元节附近。中元节，又称七月半，是中国古代的祭祖节，时间为农历的七月十五。在处暑前后，人们会开始陆陆续续准备各种祭祀用品，如纸花、纸钱等。等到中元节时，家家户户都要在家中祭祀祖先。

吃鸭子

北京、江苏等地的居民常常会在处暑这天购买鸭子食用。北京人常将鸭子制成百合鸭食用。百合鸭是以新鲜鸭子与百合炖煮而成的美味，百合与鸭肉结合，不仅香醇可口，还能清肺止咳，祛除人体秋季的干燥。

节气趣谈

"秋老虎"是什么？

"秋老虎"是人们对秋季凉爽天气忽然变为炎热天气的一种俗称。处暑之后，天气会逐渐变得凉爽起来，但有一些特殊的日子，已经降低的温度会突然回升，重新回到30℃以上。本来人们已经穿上了薄外套抵御秋风，一夜之间，气温却好似回到了夏季一般——又闷又热！这种奇特的气温变化，人们将其称为"秋老虎"。

俗话说"秋后一暑，热死老牛"，秋后的炎热天气竟能将黄牛热死，"秋老虎"的威力可见一斑。气象学家解释，处暑后炎热天气的重新出现，在于已经南下的副热带高压"卷土重来"，再次控制江淮流域，导致各地的气温开始回升，出现像暑天一样的闷热天气。

不过，"秋老虎"来得快，去得也快，根据人们的经验，这种炎热最多持续十几天便会消散，随后而来的便都是秋天的凉爽了。

三、凉风至，露水起——白露

白露时节，天高云淡，凉风习习。处暑时节偶尔出现的暑气已经完全消失，人人都开始穿上了轻薄的外套御寒。如果早晨出来得早，还能在各种植物的枝叶上看到一个个圆滚滚的水珠。

白露是二十四节气当中的第十五个节气，也是秋季的第三个节气。它一般在每年9月7日至9日之间。按照"太阳黄经"的划分方法，当太阳到达黄经165°时为白露。

白露是二十四节气当中反映气温变化的节气。白露中的"白"指"白色"，"露"指代"露水"，白露是白色露水的意思。在白露时节，秋天的凉气渐渐浓烈，昼夜温差的变化使得夜晚的水汽在植物的叶面上形成露珠，中午阳光浓烈之前，这些露水在光线下反射为白色，于是人们便将白露作为这个时节的节气名称。

白露时节，昼夜温度变化幅度较大。南方地区虽然仍然延续着炎热的天气，但是总体上，到了夜间温度也会稍稍降低一些。北方地区昼夜温差的变化则比较明显，各地白天的气温多数为20℃到30℃之间，夜晚的温度则会降低至十几摄氏度。此时，各地的降水量也会出现不同程度的减少，各地的气候总体呈现出秋高气爽、日渐干燥的特点。

节气农事

白露干燥的天气极易导致农田干旱，尤其是在我国的山西、陕西、甘肃等本就雨水稀少的地区。如果白露时节长时间没有降雨，便可能出现严重的农田干旱。因此，此时节农民应当重视农田的水分补充。此外，由于天气干燥，火灾的发生概率也会上升，农民在做好灌溉工作的同时，应当警惕火灾的发生。

节气习俗

饮白露茶

白露茶是白露前后采摘的茶叶。南京一带，每逢白露时节，人们便要采摘茶叶，炒制白露茶。在爱喝茶水的人们中间流传着这样一句俗语："春茶苦，夏茶涩，要喝茶，秋白露。"白露前后的茶叶经过了几个季度的生长，正是采摘制茶最好的时候。白露茶冲泡的茶水，没有苦涩的滋味，更多的是凝结的清香，是最受大众喜爱的茶水之一。也正是因为如此，每逢白露时节，各地的茶客，尤其是南京爱喝茶的茶客，常常在白露时节采购新鲜的白露茶饮用，以品味新茶甘甜醇厚的清香。

酿米酒

在湖南郴州一带，白露时节有酿米酒的习俗。这种米酒是用糯米发酵而成的，由于酿酒的时间是白露时节，故而被人们称为白露米酒。郴州民间自制的白露米酒，虽然是加入白酒制成，但是味道却不像白酒那样刚烈，更多的是一种绵软。香气扑鼻的米酒入口，微甜的滋味蔓延在口腔，抿一口下肚，整个人都暖和了起来。

露珠遍路
白露，

白露

月夜忆舍弟
［唐］杜甫
戍鼓断人行，边秋一雁声。
露从今夜白，月是故乡明。
有弟皆分散，无家问死生。
寄书长不达，况乃未休兵。

吃龙眼

龙眼，又名桂圆，是我国华南地区的特产水果。新鲜龙眼的外皮呈黄褐色，果肉呈乳白色。华南地区的人们每逢白露时节都要吃龙眼。龙眼的果肉微甜，富含多种营养物质，中医还将龙眼作为益气养神、治疗贫血和失眠的重要药物。当地人常说："白露吃龙眼，一颗顶只鸡。"吃龙眼的好处如此之多，也难怪当地人们要将龙眼和营养美味的鸡做比较了。

节气趣谈

露水能喝吗？

在我国古代，露水常常被作为烹调茶水的最佳水源。一些大户人家常常要求自家用人清早起来前往户外采集露水，以用来冲泡茶水。就连明朝著名医学典籍《本草纲目》中也这样说道："秋露繁时，以盘收取，煎如饴，令人延年不饥。"我们自然不相信露水有"延年不饥"的功效，那么，取露水饮用到底是好还是不好呢？

在解答这个问题之前，我们先来了解一下露水形成的原理。我们知道，空气中存在着大量的水汽，这些水汽拥有一个饱和程度，且气温越高，水汽的饱和程度就越高。若一天中白天的气温较高，空气中的水汽含量就较高，当夜晚气温降低时，空气中的水汽饱和程度就会降低，此时多余的水汽就要发生液化。

水汽液化需要一个微小的凝结核，这个凝结核可以是微小的灰尘，也可以是动物的皮屑等，只要足够小，便能成为水汽凝结的载体。当水汽遇到凝结核时，露水就形成了。

在昼夜温差大的时候，夜晚地表的温度要远远低于空气的温度，气温降低，水汽的饱和程度下降，遇到植物表面的尘土、虫卵、汽车排气废物等细小的颗粒，水汽便会形成露珠。

通过了解露水的形成过程我们知道，露珠内部是各种尘土、虫卵、皮屑的微小颗粒，更有甚者，还溶解了植物表面的残余农药，因此，我们可以得出一个结论——露水不能饮用。

有的人可能会问，露水中杂质如此丰富，为什么古人还要饮用露水呢？这是因为，古时候的科技并不发达，环境的污染并不严重，空气质量要远远好过现代，古代的空气中并没有过多的杂质，露水的凝结核多是尘土和花粉等物质，而且这些露水都取自各种花瓣，那时候的花瓣也没有经过农药的喷洒，这样的露水自然可以饮用。

四、昼夜均，寒暑平——秋分

到了秋分时节，我国各地的昼夜温差逐渐变得更大，全国各地已经逐渐进入凉爽的秋季。如果在公园里闲逛，我们时常会发现几处枫叶正在渐渐变红。

秋分是二十四节气当中的第十六个节气，也是秋季的第四个节气。它一般在每年9月22日至24日之间。按照"太阳黄经"的划分方法，当太阳到达黄经180°时为秋分。

古书当中记载："秋分者，阴阳相半也，故昼夜均而寒暑平。"秋分，在古人眼中是除春分外另一个阴阳相半的时节。秋

分这天，是秋季九十天的平分日，也是全球的另外一个昼夜等长日。

我们知道，春分是我国的第一个昼夜等长日，在春分这天，北半球大部分地区的白昼与黑夜的时间大致相等，春分过后，北半球的白昼会逐渐变长，黑夜会逐渐缩短。等到了夏至这天，白昼的时间会变得更长，成为各地一年当中白昼最长的日子，随后，白昼的时间会逐渐缩短，黑夜的时间会逐渐变长。终于，到了秋分，白昼又与黑夜等分。

秋分这天同春分一样，太阳直射赤道，但是，过了秋分，太阳的直射点会逐渐向南半球转移，也正因为如此，北半球各地的白昼在秋分过后才渐渐变短，黑夜才慢慢加长。随着白昼时间的缩短，我国各地的天气也会变得更加凉爽。

此时，不只我国的北方地区，南方的天气也逐渐转凉，气温逐渐降低至22℃以下。从气象学的角度来看，秋分应当算作真正意义上的秋天节点。这一天过后，全国各地基本上可以算作"入秋"了。

节气农事

在我国的华北地区，秋分是一年当中播种冬小麦的时节。虽然冬小麦的播种会受降雨、温度等其他因素的影

响，但是其播种的时间大概都处
于秋分前后。在我国的南方地
区，此时农人开始准备收割晚
稻，同时耕翻土地为播种油菜做
准备。

秋色平分，碧空万里 **秋分**

三用韵

［宋］杨公远

屋头明月上，此夕又秋分。
千里人俱共，三杯酒自醺。
河清疑有水，夜永喜无云。
桂树婆娑影，天香满世间。

节气习俗

秋祭月

古语有"春祭日，秋祭月"
的说法，秋分时节，与中秋节时
间相近，是古人祭祀月亮的最佳
时节。早在周朝时期，人们就已经开始在秋分这天祭祀圆
月。圆月是团圆幸福的象征，人们将面饼加以馅料做成圆
形，以表达自己对于家人团圆、生活幸福的期盼。这种圆
形的点心，也就是我们所说的月饼。后来，祭月的时间逐
渐变成了如今的中秋节。

吃汤圆

汤圆并不是元宵节时候的专供食品，在我国的一些地
区，也有秋分吃汤圆的习俗。只不过秋分的汤圆并不像元
宵节那样有各种馅料，这时候的汤圆是一种没有馅料的汤
圆。人们认为，不加馅料的汤圆十分黏，麻雀吃了之后会
粘住嘴巴，这样它们就不能偷吃晾晒的粮食了。所以在一

些地区，在煮好秋分汤圆后，会将汤圆用木杆串起来悬挂在田间或者晾晒粮食的地方，麻雀食用之后就可以粘住它们的嘴巴。

节气养生

秋分少雨，天气干燥，人们极易感冒。此时，人们应当更多地尽量食用甘润的食物，如梨、柿子、银耳、鸭肉、鲫鱼等，减少食用葱、姜、蒜、辣椒等辛辣食品。此外，秋分后温度越来越低，人们应当适当强身健体，增强体质，提高自己的免疫力。

五、露珠冷，初霜近——寒露

　　白露时节，露水渐渐出现，田间劳作的人们已经不再延续夏季五点、六点的务农时间，而是选择稍晚一些的时间出发。到了寒露时节，露水出现得更加频繁，务农的时间也继续后移，一般在阳光渐暖的九点或者十点下地。

　　寒露是二十四节气当中的第十七个节气，也是秋季的第五个节气，它一般在每年 10 月 7 日至 9 日之间。按照"太阳黄经"的划分方法，太阳到达黄经 195° 时为寒露。

　　寒露，可从字面上理解为寒冷的露水，是二十四节气当中反映气温变化的节气。寒露时节，气温相较于之前变得更加寒冷，此时露水数量变得更多，气温变得更低，因此人们便将这个节气称为寒露。

　　在我国的东北以及西北地区，寒露时节的气温已经降

到了零摄氏度以下，甚至可能已经出现了初雪天气。北部
大多数地区的气温此时已经降到十几摄氏度，有些地区甚
至已经出现了露水消失、转为初霜的情形。这个季节，北
方的人们常常能看到大雁南归、枫叶全红的景象。南方地
区虽较为温暖，但是气温也已经远远不及立秋时节。

在这个时节，各地的降雨会出现"大不如前"的趋
势。不仅在我国的北部地区，我国南方等雨水丰沛的地
区，在寒露时节雨水也十分稀少。

节气农事

寒露时节，是北方玉米丰收
的时节。此时，人们会挑选温度
适宜且无雨的天气前往农田收
割玉米。玉米收割完毕，玉米秆
或是被人们收割回家充当牲畜的
粮食，或是收割后晒干，作为冬
季的柴火储存，或是被大型机器
打碎，与泥土共同化作冬小麦的
肥料。总之，在收回玉米的几天

内，人们会立刻将玉米秆处理完毕，对土地重新翻整。

为什么要这么仓促地处理玉米秆呢？原来，寒露时节
的北方，也正是冬小麦种植的最佳时节。处理好玉米秆，

修整好玉米地，农民就能种植冬小麦了。

冬小麦，也就是秋末冬初播种，第二年夏初收获的小麦。在我国的一些地区，人们在寒露时节将小麦种下，麦苗在冬天到来之前长到手掌长短，随后进入休眠期，并在漫长的冬季过去后的春天重新开始焕发生机。

通常，人们会挑选一个秋雨过后的晴天种植冬小麦。如果长时间没有秋雨，那么人们便会在种地之前进行农田灌溉，以方便冬小麦的种植和生长。

在南方，此时则是晚稻拔穗灌浆的关键时期，农民此时应当时刻关注稻田的管理，做好稻田的水量控制，及时对稻田进行间歇灌溉。

节气习俗

赏菊、饮茶

金秋十月，正是菊花开放的最佳季节。由于寒露时常与国庆佳节的时间重合，因此，此时经常有许多游客前往全国各地菊花盛开的地方欣赏秋菊。赏菊之余，也有人会将新开放的菊花采摘回家，经过阳光晾晒之后冲泡为茶水饮用。菊花茶自古以来便是人们常饮用的一种花茶。不过，秋季虽说是菊花盛开的季节，但是菊花茶却并不适合于秋季饮用。中医认为，菊花性寒，有散风祛热、解毒明目、泻火清肝等功效，因此并不适合在偏凉的秋季饮用。

斗蟋蟀

蟋蟀，古时候又叫作促织，是一种好斗的昆虫。自古以来，斗蟋蟀便是孩童喜爱的一种游戏。每逢寒露，孩子们便争先在农田瓦舍间寻找个头最大的蟋蟀，然后将各自找来的蟋蟀放置在同一个瓦罐中进行"搏斗"。直至一方的蟋蟀被斗打得不能动弹，另外一只蟋蟀就取得了胜利。

蟋蟀好"搏斗"的原因，还要从它们的习性说起。雄性蟋蟀的领地意识特别强，同一片区域，只能由一只蟋蟀占领。如果人们将两只雄性蟋蟀放置在同一容器里，这两只蟋蟀便会因领地归属权而展开斗争。它们斗争的方式是互相撕咬，直至一方倒下。这正是为什么一将两只蟋蟀放进同一瓦罐，它们便会开始"搏斗"的原因。此外，寒露时节正是雄蟋蟀向雌蟋蟀求偶的季节。两只相遇的雄蟋蟀，还会因为抢夺配偶而展开斗争。

六、气肃而凝，露结为霜——霜降

霜降来临之后，秋季就要过去，冬天就要来了。这个时候，树木的叶子已经翩然落下，已经有人开始陆陆续续地从衣橱中翻出秋衣、秋裤等厚一点的衣物了。

霜降是二十四节气当中的第十八个节气，也是秋季的最后一个节气。它一般在每年 10 月 22 日至 24 日之间。按照"太阳黄经"的划分方法，太阳到达黄经 210° 时为霜降。

霜降是二十四节气当中反映气温变化的季节，它是秋季和冬季的交替时节。霜降的到来，意味着寒冷萧索的冬季马上就要来

莫馀一叶秋

霜降

岁晚

[唐] 白居易

霜降水返壑，风落木归山。
冉冉岁将宴，物皆复本源。
何此南迁客，五年独未还？
命屯分已定，日久心弥安。

临。这个时节的天气愈发寒冷，部分地区夜间的气温逐渐降低至零下，空气中的水汽不会再化作露水的液体状态，而是开始逐渐转化为霜。

水汽化霜这个现象在我国偏北地区表现得较为明显，尤其是我国黄河流域一带。每逢霜降，这些地区的夜间气温基本上已经降低至几摄氏度，地面温度以及植物表面的温度更低，完全能够下降到0℃，过低的气温完全能够使水汽结冰，于是，霜便出现了。

在我国的东北以及西北地区，霜降时候的天气已经十分寒冷，白天的气温也有可能降低至零下，因此在这些地区，霜已经不再出现，取而代之的是水汽结冰。

节气农事

霜降时节，北方温度较低，各种农作物已经基本不再生长。北方的冬小麦已经播种，各家各户的田间农活已经基本完成，剩余的工作便是将已经收回的玉米等农作物晒干储存。可以说，霜降是北方农民整个冬季农闲的开端。

南方的农民此时则无法感受闲暇的乐趣，霜降时节，正是他们秋收的时候。经过一段时间的生长，晚稻此时已经可以收割。田间的棉花，经过长时间的照料，也已经可以收获。晚稻和棉花收割完毕，人们还要趁着阳光雨露相对充足时将早麦、油菜等农作物及时种下，可以说，这是南方农民又一个收获的季节。

节气习俗

赏枫叶

杜牧在《山行》中写道："停车坐爱枫林晚，霜叶红于二月花。"火红的枫叶，是霜降时节一种奇特的景观。在种植枫树的地区，每逢霜降时节，人们便能看到枫树的叶子全部变为红色，成为一道独特的风景。

枫叶变红，是枫叶由于温度降低逐渐分泌出大量花青素导致的。其实，任何一种绿色植物中都有花青素，秋天时，花青素在任何叶片中都会大量产生，只不过大多数植物的枝叶都是碱性，只有枫树等少数几种植物的叶片呈酸性。花青素遇酸变红，所以，人们才会在秋天看到火红的枫叶。

吃柿子

霜降时节是柿子成熟的季节。民间传说，只要霜降时节摘下一个柿子吃下，整个冬天就不会出现流鼻涕的现象。

关于霜降吃柿子还有这样一个故事：相传，明朝的开国皇帝朱元璋小时候因家境贫寒，常被地主驱使外出放牛。这一天，正是霜降，秋风过后天气极冷，没有吃饱饭的朱元璋牵着老牛出门，寒风吹在朱元璋的身上，像是要吹进骨头一样。为了取暖，他赶着牛跑到了一棵柿子树下。躲在牛背后的朱元璋又冷又饿，几乎快要昏倒过去。此时，他看到老牛嘴里正嚼着什么东西，定睛一看，原来是柿子树上结出的金黄的果实。他拽下柿子树枝，采摘了好几个柿子，饱食一顿柿子大餐后，他瞬间觉得不再寒冷。更加神奇的是，整个冬天，朱元璋在放牛时都没有再流鼻涕。村里的人将这件事情传了出去，于是便有了"霜降吃柿子"的习俗。

补霜降

民间常说"一年补不如霜降补"，进补身体的最佳时节就是霜降。人们认为，秋冬季节如果不食用一些性温的食物，冬天便会容易遭到疾病的入侵。因此，每逢霜降时节，人们会烹饪各类汤粥，食用一些滋补食品进补身体。

各地霜降食补的菜品各有千秋，有些地区喜欢将板栗与骨头炖煮成汤饮用，有些地区则喜欢食用霜打的菠菜和冬瓜，有些地区会将西红柿作为御寒的食品食用。总而言之，各种温和的食物，都是霜降时节人们的常选食品。

第五章

冬季六节气

一、万物收藏——立冬

时间来到立冬时节后，万物都已经凋零，就连平时常见的蚁虫都已不见踪迹。这个时候，寒冷已经悄然降临，再过不久，路面就会开始出现结冰的迹象。

立冬是二十四节气当中的第十九个节气，也是送走秋季，迎来冬季的第一个节气。它通常在每年11月7日或8日。按照"太阳黄经"的划分方法，太阳到达黄经225°时为立冬。

立冬的"立"同立春、立夏、立秋一样，是"开始"的意思。立冬，标志着冬天的降临。立冬过后，北半球的太阳照射时间会变得更短，冷空气也会随着冬日的到来逐渐向南侵袭。

这个时间，我国东北和西北等地已经开始下起小雪，夜间气温已经降到了0℃以下。中部地区的气温虽然没有那样寒冷，但是各地的夜间气温也逐渐开始降低，在有雨雪侵袭时，气温也能够降到零下。在我国的南方，随着冷空气渐渐南移，气候也开始渐渐转冷。江南等地，由于水汽充足，在初冬的早晨极有可能形成大雾天气。等到夜晚降临，水汽又开始逐渐凝固成霜。

这个时节，全国各地干燥少雨的现象会有所缓解。北方地区会经常出现降雨天气，天气过于寒冷时，有时也会出现雨夹雪或者小雪。南方地区的降水仍旧以雨水形式为主，相比北方，南方的降水量仍然偏多。

节气农事

立冬之后，北方各地的农作物开始进入越冬时期，大多数农事均已停歇，只有为数不多种植蔬菜和瓜果的农民仍然在忙着追肥、采收等农事，当然，这些果蔬大都种植在大棚当中。南方的农民们此时则显得比较忙碌，因为此时的南方正处于"立冬种麦正当时"的时节。霜降过后，没有来得及收割晚稻和种植冬小麦的农民正在田间忙碌着，而已经将晚稻收回的农民，也忙着晾晒和储存稻谷。总而言之，相比于北方，南方此时仍然处于"秋收冬种"阶段。

节气习俗

补冬

与补霜降类似，在一些地区，立冬时节，人们也会进行冬季进补。立冬时节的寒冷相比于霜降时候更甚，人们为了抵御严寒，常常会食用一些热量较高的肉类。将鸡、鸭、鱼、肉等荤菜与白菜等蔬菜一同炖煮，就成了人们进行补冬的菜肴。

立冬
[明] 王稚登

秋风吹尽旧庭柯，
黄叶丹枫客里过。
一点禅灯半轮月，
今宵寒较昨宵多。

冬泳

除了一些传统的习俗外，黑龙江、江西等地的人们也发展出了一些新的节气习俗，比如冬泳。立冬时，喜爱冬泳活动的人们会自行组织来到河畔，集体进行一场冬泳比赛。

冬泳又叫作"血管体操"，是一种能够锻炼血管弹性的运动，对各个年龄段的人均十分有益。冬泳时，人体受到冷水的刺激会加强周身的血液循环，血管会急剧收缩，血液会流回心脏，此时心脏等器官的血管便会开始扩张。随后，感到寒冷的身体又会开始扩张血管，使得大量血液从心脏流回到身体的其他部分。这种有规律的血管收缩，对人的身体十分有益。

节气趣谈

历史上的立冬

对于现代人而言，立冬与其他大型节气相比显得并不是十分重要，但是对于古人而言，立冬确是一个十分重要的节气。

立春、立夏、立秋和立冬在古代被称为"四立"，每逢这四个节气，天子都要带领诸多臣子前往郊区祭祀。从周朝开始，立冬的祭祀仪式就已经初现雏形。人们在立冬祭祀时要穿着符合各自身份象征的官方服饰，在礼官的吆喝下一同进行祭拜。

等到立冬祭祀完毕，回到皇宫的天子还要进行百官嘉奖。具体嘉奖的物品我们已经不得而知，不过，从后代对于周朝立冬祭祀礼仪的传承上我们可以猜测，嘉奖的物件无非是一些御寒的衣物、食用的珍品。比如，汉文帝在立冬祭祀结束回朝后就赐给了百官"披袄子"（一种古代礼服）。

此外，在祭祀的基础上，汉代还增加了一项额外的立冬仪式——"拜师"。此处的"拜师"并非我们一般所理解的拜尊长为师父，而是指拜会老师。这主要是缘于古人对于师长的尊重，正如古人所言"一日为师终身为父"，老师在他们的眼中就像父亲一样。

立冬这天，学生们会穿着礼服，携带固定的礼品来到老师的门前，表达他们对老师的尊重，并请求老师接受他们的礼物。

这样看来，古人的立冬仪式还真是十分隆重并且礼仪繁杂。

二、气寒而将雪——小雪

> 小雪时节到来之后，北方的各个地区已经开始供暖。这个时期，天气已经十分寒冷，出门的人们基本已经裹上了羽绒服和棉外套。

小雪是二十四节气当中的第二十个节气，也是冬季的第二个节气。它一般在每年11月22日或23日。按照"太阳黄经"的划分方法，太阳到达黄经240°时为小雪。

小雪是反映气候特征的节气，同谷雨等节气一样，反映的是节气的降水特征。小雪，字面理解就是下了小雪，但是，它并不代表这个时节一定会下雪，而是表示天气已经十分寒冷，完全构成了下雪的条件。另外还有一种说法，那就是小雪表示的是地表温度仍然较高，即使有雪花降临，积存在地面的雪量也是很少的。

小雪时节，寒潮和冷空气的活动较为频繁，因此各地的气温都有了显著的回落。在我国的北方，此时大部分地区的日间气温已经降低至零下，路面结冰等现象十分常见。而在南方等地，常常能看到路旁有霜，极少情况下，南方一些地区此时也会出现降雪现象。

节气农事

小雪时节，全国各地的农业活动基本已经停止。此时，南北方的农民都已进入冬季的休憩阶段，共同等待来年春天的到来。如果说有一些人还活跃在农田当中的话，那么他们一定是正在采摘白菜的菜农。

在我国的北方，白菜是人们度过冬季的主要蔬菜。采摘完成的白菜，菜农会将它们装车运到集市，购买白菜的人们则会几十颗几十颗地往家中运，随后将它们储存在自家的地窖或者户外的阴凉干燥处。

这一现象不仅会出现在我国北方的大部分农村，也会出现在北方的许多城市。在城市居住的人们如果没有地窖，便会将白菜放置在自家的"凉房"或者阳台上。只要温度不过高，这些白菜储存一个冬天都不会坏。

节气习俗

腌腊肉

所谓"冬腊风腌，蓄以御冬"，在经济尚不发达的年代，万物停止生长的冬季是人们最难熬的季节，这个季节没有新鲜的蔬菜，人们只能食用腌制食品。腊肉就是这些腌制食品中的一种。

小雪时节，气温下降很快，加上雨雪稀少、空气干燥，正是加工腊肉的好时候。人们将大片猪肉用各种调料腌制入味，再用日光加以暴晒或者用灶火烘烤，一段时间以后，腊肉就制作完成了。

小雪

[宋]陆游

檐飞数片雪，
瓶插一枝梅。
童子敲清磬，
先生入定回。

制作完成的腊肉外观虽然呈现黑褐色，但是洗净之后，肥肉和瘦肉表里如一，色泽透亮，吃起来更是味道醇厚、风味独特。

腌菜

南京一带有一句谚语："小雪腌菜，大雪腌肉。"北方的小雪是腌肉的节气，到了南方，小雪则是腌菜的时节。我们常吃的泡菜、榨菜都是腌菜的一种，因为各地应季蔬菜不同，人们用来腌菜的食材也有所不同。不过，人们腌菜的手法却大抵一致，都是用大量的食盐和各种香料放入腌菜罐中浸渍，等待各种菌种将蔬菜的风味激发出来。

腌菜虽然口味独特，十分下饭，但是却不可以过多食

用。这主要是因为蔬菜经过腌制后，菜品中会含有大量的
亚硝酸盐，其在胃酸环境中会被代谢成一种致癌物质——
亚硝胺。如果人体内的亚硝胺含量过多，就容易使人患上
各种消化系统癌症。尤其应当注意的是，如果腌制食品与
酒类一起食用，身患癌症的概率将成倍上升。

三、天气愈冷——大雪

小雪时节的降雪还不足以满足打雪仗的条件，但是到了大雪节气，下大雪的可能性显著增加。一场大雪之后，积雪的厚度已经足够我们堆出一个超大的雪人了！

大雪是二十四节气当中的第二十一个节气，也是冬季的第三个节气。它一般在每年12月6日至8日之间。按照"太阳黄经"的划分方法，太阳到达黄经255°时为大雪。

大雪同小雪一样，也是反映气候变化的节气。相对于小雪时节下雪的概率，大雪时节下雪的概率会有很大幅度的提升。但大

大雪
朔风吹雪
飞万里

宫词
[宋] 王仲修
时和岁稔似熙丰，
腊月仙京大雪中。
殿阁园林都莹彻，
云河不是水晶宫。

雪节气与气象学上的大雪意义并不相同，此处的大雪，代表着降雨量的增加和气温的骤降。

大雪时节，各地的气温已经变得很低。北方各地在此时节会出现局部的暴雪天气，但是大雪时节的降雪频率并不一定比小雪高，只不过大雪的降雪大都集中在某一次或者某几次降雪中，地面积雪很多，人们看起来觉得雪量大而已。

在我国温暖的南方地区，大雪时节也有可能出现降雪天气。不过，此时大多数情况下，南方的降水还是以雨水形式为主。除了雨雪天气外，在我国的贵州等地，还有可能出现一种极端天气——冻雨。

冻雨直观表现为雨滴落在植物或者其他建筑物表面时形成冰冻，导致冰层覆盖在室外物体表面。冻雨天气虽然看起来好看，但是对于人们而言却有着严重的危害。农作物枝叶表面覆盖上较厚的冰层时，极有可能出现冻伤或折断的情况，使来年农作物返青生长受到影响。建筑物、电线等物体上的冰层过厚时，很可能将各种建筑压塌，导致意外事故发生。因此，在我国冻雨频发的省份，如贵州、湖北、湖南等地，每逢冻雨天气，人们都要及时将冰层清理干净，以防冻层过厚出现意外事故。

节气农事

大雪时节的农事活动很少，一些种植大棚蔬菜的农民，应当及时做好防寒措施，防止气温骤降冻伤蔬菜。在南方冻雨频发的地区，农民应当及时做好农田的防护，如给农作物加盖薄膜，防止冻雨冻伤农作物。

节气习俗

大雪时节的习俗大致与小雪类似，有些地区的人们会选择在大雪时节进行腊肉、腌菜等腌制品的制作，此处我们便不再赘述。

节气趣谈

冻雨和雾凇是如何形成的？

冻雨是一种过冷水降雨。所谓过冷水，是一种温度低于凝固点但是却不发生凝固现象的水，它的存在一般是由于水的质地纯净，没有凝结核用以凝固。

在贵州等地，空气质量较好。在大雪时节，这些过冷水降落时，由于空气中的浮尘等凝结核较少，它们并没有在下降的过程中凝结成冰或雪花，而是以雨水的形式降落下来。当接触到地面的物体（如植物、建筑物）的表面时，过冷水就遇到了凝结核，便立刻会发生凝固。这就是为什么雨水在降落后会冰冻的原因，也就是冻雨产生的原因。

南方有冻雨奇观，北方则有雾凇美景。在我国吉林、辽宁等地，雾凇出现得最为频繁。雾凇是一种在地表植物或建筑物的表面凝结的白色不透明的冰层。它并不是由雨水凝结而成，而是由空气中的水汽凝华所致。形成雾凇的水汽也是呈过冷状态，在东北严寒地区，当这些水汽遇到凝结物时，便会直接越过液化现象，结成冰层。

冻雨的表面光滑而透明，而雾凇的表面却呈白色粒状形态。这是因为冻雨是由液体凝结而成，而雾凇是由水汽凝华而成，空气中的水汽很小，凝华的冰层自然也小，这些冰粒叠加在一起，就成为不规则的雾凇。

不过，与冻雨一样，过量的雾凇也会导致建筑物倒塌或植物冻伤、折断，二者虽然都很美丽，但是都会给人类带来一些损失。

四、白昼最短，冬夜最长——冬至

"一九二九不出手，三九四九冰上走，五九六九沿河看柳，七九河开，八九雁来，九九加一九，耕牛遍地走。"这首《九九歌》是我国民间流传最为广泛的歌谣之一。冬至这一天，就是我国"数九寒天"的开端。

冬至，又称日南至、冬节等，是二十四节气当中的第二十二个节气，也是冬季的第四个节气。它一般在每年 12 月 21 日至 23 日之间。按照"太阳黄经"的划分方法，太阳到达黄经 270° 时为冬至。

秋分时节，白昼和黑夜等长，过了秋分，白昼的时间逐渐缩短，黑夜的时间逐渐变长，到了冬至这天，白昼的时间最短，黑夜的时间最长。冬至过后，白昼的时间将渐渐变长，而黑夜的时间则将渐渐缩短。

冬至这天，北半球虽然白昼时间最短，接受太阳光线的时间最短，但是却并不是整个冬季最寒冷的日子。此时，经过炎热的夏季和温和的秋季，地表还储存着一些热量，等到热量散尽，温度才会下降到冬季最低。

节气习俗

吃饺子

我国北方的很多地区都有冬至吃饺子的习俗。冬至时节，不管是远在外地的青年，还是身处家乡的人们，都要在冬至这一天吃上一顿饺子。

民间认为"冬至吃饺子，耳朵冻不烂"，饺子的形状神似耳朵，将饺子吃到嘴里，就相当于将耳朵保护起来，耳朵就不会被冻坏了。

吃番薯汤果

在浙江宁波一带，人们对于冬至的热情不亚于过年。冬至这天，家人们聚集一桌，每人盛上一碗热腾腾的番薯汤果，热乎乎的甜汤下肚，什么烦恼都会消散。

宁波人钟爱番薯汤果，一个原因是冬至是他们传统的团圆节气，一同享用美食才有过节的气氛，另一个原因是番薯汤果中的"番"与"翻"同音，吃下番薯汤果，就意味着这一年的霉运要"翻篇"，好运要重新降临。

喝冬阳酒

在苏州一带，人们在冬至常喝冬阳酒。冬阳酒又称冬酿酒，是一种以糯米和桂花酿造的美酒。苏州的人们认为，冬至这天，天气即将转寒，故而需要饮用阳气充沛的酒水抵御严寒。人们还说，冬至这天如果没有饮用冬阳酒，人便要冻一个冬天，于是，冬至饮用冬阳酒便成为苏州一带的传统习俗。

冬至
山意冲寒
欲放梅

邯郸冬至夜思家
[唐] 白居易
邯郸驿里逢冬至，
抱膝灯前影伴身。
想得家中夜深坐，
还应说着远行人。

节气趣谈

"数九"是什么？

冬至这天，是民间"数九寒天"的开端。同《夏至九九歌》一样，从冬至开始，人们也将九天划作一组，九组共计八十一天。

"一九"和"二九"加起来的十八天处在冬至开始至小寒开始，这时候的天气虽然进入冬季，但是气温相对于大寒时节稍高，按照《九九歌》中所传，"一九"和"二九"时，人们只要将手缩在衣服中便不会感到寒冷。

"三九""四九"则不同，时间正处于小寒与大寒之间，各地的气温达到一年当中最寒冷的时节，也正是因为如此，连河水都冻住了，人们可以在冰上行走，十分寒冷。

"四九"过后，天气就会逐渐转暖了，虽然立春时节的天气还稍显寒冷，但是相对于冬季的严寒，春寒料峭便显得不足道了。

"数九"虽然在民间流传十分广泛，但是历史上却没有确切的资料能够追溯它的来源。但是我们大概能够猜测人们创作《九九歌》的原因：在农耕时代，人们最难熬过的便是寒冷的冬天，怎么更快地将这难熬的冬日扛过去呢？于是，人们便想出了"数九"的方法，从冬至开始，度过"一九"以后，人们就可以期待"二九"的到来，等到度过"三九""四九"——八十一天中最寒冷的十八天，冬天的寒气便会渐渐消散了。随着"五九""六九"到来，春天的脚步越来越近，冬日便显得不是那么难熬了！

五、进入寒冷季节——小寒

俗话说"小寒大寒，冻成一团"，到了小寒时节，天气已然变得十分寒冷。清早街头的人们都已经将自己包裹得像粽子一般。到了中午，屋外虽然阳光明媚，但是一迈出屋门，便能感觉到凛冽的寒气扑面而来。

小寒是二十四节气当中的第二十三个节气，也是冬季的第五个节气。它一般在每年1月5日至7日之间。按照"太阳黄经"的划分方法，太阳到达黄经285°时为小寒。

小寒是反映气温变化的节气，它代表着天气即将进入最严寒的季节。"数九寒天"中的

小寒

未报春消息，
早瘦梅先发

清远舟中寄耘老

[宋] 苏轼

小寒初渡梅花岭，
万壑千岩背人境。
清远聊为泛宅行，
一梦分明堕乡井。

"三九"大约就是从小寒开始的。

小寒时节，我国北方已经俨然一片寒冬。东北地区，室外无论是河水还是海水，都已经形成了厚厚的冰层。中部地区的平均气温也降低到了零下5℃左右，如果遇到强烈的寒潮，还有可能降到零下十几摄氏度。在我国南部地区，此时的气温大概在5℃上下徘徊，在冷空气南下时，偶尔会出现大幅降温。

节气农事

小寒时节，北方的冬季作物处于休眠状态，农事较少。一些种植大棚蔬菜的农民，此时应当注意天气变化，及时对大棚保暖，防止因寒潮天气导致果蔬出现冻伤现象。同样，在农作物越冬期不明显的南方地区，农民更应当注意农田的防寒保暖工作。

节气习俗

冰雕节

小寒时，哈尔滨一年一度的冰雕节已经拉开序幕。冰雕节开始前几日，凿冰的工作人员要抢先从各处河水中切割出大面积的冰块，冰雕工匠则要利用手头的雕刻工具，将冰块雕刻成各种造型，大型的冰雕有各种冰式建筑，如城堡、城墙、滑梯等，小型的冰雕有各种生活用品，如杯具、衣柜等。等到冰雪世界打造完成后，冰雕节就正式开幕了。每年慕名而来参加哈尔滨冰雕节的游人数不胜数，在冬日的严寒下，人们三五成群地穿梭在这个冰雪世界中，给寂静的冬季带来了一丝热闹的气息。

吃糯米饭

在我国广东一带，人们经常在小寒时节食用糯米饭。人们认为，糯米性温，在小寒的早晨食用糯米，能够健胃暖脾，防止虚汗的产生。

每逢小寒这天的早晨，人们便将糯米和香米按照一定比例混合蒸熟，再将腌制完成的腊肉、腊肠和花生米一同下锅炒熟，出锅撒上葱花，一碗香喷喷的糯米饭就完成了。

喝羊汤

寒冷的节气，喝一碗热腾腾的羊汤最能驱寒。北方许多地区在小寒等天气寒冷的节气，都有喝羊汤的习俗。有些地区喜欢将羊杂直接炖煮，有些地区则喜欢将羊肉与萝卜一同焖煮，不管是羊肉还是萝卜，都是滋补身体的绝佳食材。在炖煮它们时，加入胡萝卜、当归、山药等秉性相同的食材，更能驱散冬日的寒冷，使人暖暖地度过整个冬天。

六、冰天雪地，天寒地冻——大寒

民间常说"过了大寒，又是一年"，大寒，是二十四节气当中的最后一个节气，度过大寒之后，马上就要到农历的新年了，随后就会迎来万物复苏的立春时节。

大寒是冬季的最后一个节气，也是二十四节气中的最后一个节气，它一般在每年1月20日或21日。按照"太阳黄经"的划分方法，太阳到达黄经300°时为大寒。

同小寒一样，大寒也是表示天气寒冷程度的节气。大寒意味着天气更为寒冷，雨雪天气更为频繁。

大寒时节，全国各地常会

大寒节气

大寒

出现大范围的大风降温和雨雪天气，持续的低温天气以我国的南部表现最为明显。在冷空气的影响下，南方此时进入一年当中最寒冷的季节，气温相比于小寒会进一步降低。此时，北方各地虽然仍然呈现出一幅天寒地冻的景象，但气温相比于小寒而言会有所回升，相对来说，北方的大寒并没有小寒那样冷。

节气农事

大寒时节，年关将近，农村此时正是购买春节食品的时候，除了食品采购外，人们也会开始打扫房屋，其中必备的一项，便是进行粪便处理。

在春节前，人们会抽出一天来进行旱厕抽粪，清理出来的粪水会被农民送往农田堆肥。等到来年天气变暖后，这些天然肥料便会随着雨水或者农田灌溉分散在田间，以满足农作物生长所需的养分。

大寒出江陵西门
［宋］陆游
平明羸马出西门，
淡日寒云久吐吞。
醉面冲风惊易醒，
重裘藏手取微温。
纷纷狐兔投深莽，
点点牛羊散远村。
不为山川多感慨，
岁穷游子自消魂。

节气习俗

打年糕

大寒时，我国许多地区都有制作年糕的习俗。年糕的制法分为两种，一种是用糯米粉和成面团制成，一种是用浸泡的糯米蒸熟捶打制成。

浙江、西北大部分地区的人们喜欢用糯米粉制作年糕，人们将适量的糯米粉、水和砂糖和面，随后在面团中加入各种香甜的馅料后上锅蒸熟，香甜美味的年糕就做好了。用这种方法制作年糕，相比于打制年糕而言更加方便、省力。

贵州、四川、重庆等地则喜欢用捶打的方式制作年糕。人们将浸泡好的糯米上锅蒸熟，趁热放入石制的打糕容器，用大木槌连续捶打，直至糯米变得光滑、没有颗粒。将打好的糯米泥分成小块，包入馅料或者撒上熟豆面就可以食用了。这种做法较为费力，因此，每年人们在制作年糕时，都会叫上家中力气最大的男子来帮忙。

喝八宝粥

农历的腊月初八是一年一度的腊八节，一般而言，腊八节都处在大寒时节的十五天内。腊八节本是佛教纪念释迦牟尼佛成道的节日，后逐渐也成为民间节日。这一天，人们将八种以上的食材一同熬制成粥，再加入少许砂糖一起食用。腊八粥里包含了多种谷米，人们将其视作调和万物、聚集灵气的美食。

第六章

二十四节气与
我们的文化生活

一、二十四节气与饮食文化

中华美食在世界饮食文化当中的地位是独一无二的。在几千年的历史中，中华儿女摸索创造出了种类丰富、口味多样、菜式繁多的中华餐饮，而这些菜式与我国传统的历法——二十四节气，有着不可分割的关系。

二十四节气是顺应农耕变化的历法，人们随着节气的变化进行着春耕、夏耘、秋收、冬藏等农业活动，从事农业活动之余，人们还需要摄入充足的营养。

古籍《黄帝内经》中指出："智者之养生也，必顺四时而适寒暑。"人类养生，必然应当顺应时节变化和寒暑变化。现代科学也指出，对于人类而言，身体所需的物质会随着四季变化而产生变化。所以，人们在节气变迁、四季轮转当中，应当顺应天时，合理搭配不同的食物。在几千年的饮食摸索当中，中国的古人逐渐领悟了这一道理。

立春至谷雨是万物初始的季节，经过了一个冬天的休憩，人体此时处于阳气初生的阶段。这个时节，吃野菜是人们的最佳选择，荠菜、香椿、春菜等都是这个时节的应季蔬菜。无论是用水汆熟凉拌还是直接炒制，这些新鲜的蔬菜制成的菜品都十分美味。

春季处于冬季刚刚过去的时节，在冬天人们已经食用了太多的肉类，所以此时的节气食品呈现出绿色、新鲜的特点，各个节气的饮食传统也均以食用绿色蔬菜为主。

立夏至大暑天气十分炎热，冰凉开胃、酸甜可口的食物便成了人们的最佳选择。在这个季节，各种应季水果，如西瓜、香蕉、葡萄等，各种清爽的食材，如苦瓜、黄瓜、西红柿等新鲜的蔬菜，不仅能够给人们提供充足的营养，还能为人们消除夏季的炎热。

人在夏季常出现燥热、烦闷、困倦的感觉，此时人体心火较旺，适宜食用一些降火的食物。所以，此时的节气食品也大都属于凉性。

立秋至霜降天气干燥，雨水稀少，此时天气转凉，最适合人们食用的是各种肉类和温和的蔬菜。夏季较少食用的羊肉、猪肉等肉类开始登上了人们的餐桌。或者炒菜，或者煲汤，或者直接炖煮食用，肉类中的高热量以及高营养，完全满足了人们秋季滋补、保养的需要。

经过炎热的夏季后，人体内部的湿热逐渐消失，此时，人们应当食用一些温和的食物进行滋补。所以，秋季的食材大都有温和、滋补的特点。

立冬至大寒天气寒冷，此时，中国人最爱的是火锅。新鲜的食材放入热气腾腾的汤汁当中，户外的严寒仿佛瞬间烟消云散。这个时节，人们开始选择热量更大的食物食用，这些食物不仅能够提供充足的营养，还能为人们抵御严冬的寒气。

冬季食材大都属于热性，人们常在冬季食用温热的补品滋养身体。

二十四节气静静流转，农作物的生长状态也在随之改变，人们的饮食也随着节气的变化而发生变化，中华儿女的饮食文化与二十四节气紧密地联系在了一起。

二、二十四节气与谚语文化

谚语是在民间广泛流传的言简意赅的短语，它们大都是我国古人经过漫长的时间变迁而感悟出的实践经验。谚语当中数量最多的是农用谚语，而农用谚语当中大都与节气相关联。

人们常说"农民是靠天吃饭的职业"，在科技不发达的古代，这句话一点也不假。那时候，人们不能依靠天气预报预测未来的天气，耕种、秋收都只能依靠老一辈的经验。

为了能够获得更好的收成，人们在经年累月当中总结了许多节气谚语，根据这些言简意赅的谚语，人们不仅能够准确地把握农业活动的时间，还能及时做好农事预防，防止农作物因为恶劣的天气而减产。

尽管经历了沧海桑田、世事变迁，这些经验的总结最终还是因为其独有的价值在民间口口相传。虽然如今已经有了十分准确的天气预报，但是，还是有不少人仍然在参考这些谚语进行着农业生产。

立春至谷雨的谚语

立春打了霜，当春会烂秧

这句话是我国南方地区的一句农谚。在我国的南方地区，立春时节的天气应当已经转暖，此时应当已经不会出现霜降的现象了。如果在田间看见有霜出现，说明今年的气候有所延迟，很可能会出现"倒春寒"的现象，寒潮之下，已经播种的秧苗很可能出现冻伤，严重的时候还可能会烂掉。

立春天渐暖，雨水送肥忙

这是在民间流传的一句记录节气农事特征的谚语。在古代，人们会根据上一辈流传下来的谚语在不同的节气进行不同的农业活动，可以说，节气农谚是人们进行传统农业生产的指南针。立春过后，天气会渐渐变暖，到了雨水时节，农作物开始大面积返青生长，此时它们需要足够的养分，因此雨水节气就成了人们追肥的时节。

惊蛰有雨并闪雷，麦积场中如土堆

麦积场是一些地区的人们用以晾晒小麦的场所。一般情况下，人们为了小麦干得更快，会将小麦薄薄地摊成一片。如果麦积场中的小麦堆积得像土堆一样，那么就证明

今年的收成很好。

通过对各个节气知识的学习，我们知道植物在惊蛰时节会快速生长。如果惊蛰有雷雨出现，那么这个时节的雨水将十分充足。充足的水分会让植物苗壮成长，人们将来收获的农作物也就更多了。

春分雨不歇，清明前后有好天

这是一句以当前节气的天气来预测以后天气的谚语。春分时节不停地下雨，清明前后就会有好天气的原因为：春分雨水不断是由于暖空气进入我国境内，与冷空气交汇所致。春分一直下雨就代表着暖空气即将占据主导地位，连续的阴雨天过后，清明时节便会出现好天气。

谷雨前后栽地瓜，最好不要过立夏

这是人们用于记录地瓜栽种时节的谚语。古人通过历年耕种的经验总结出了地瓜栽种的最佳时节，即谷雨前后，最不适宜栽种地瓜的时节为立夏之后。其中的原因在于，谷雨前后，是每年天气完全转暖、雨水十分丰富的季节。地瓜是一种喜好温暖的农作物，但是它适宜生长的温度也不能过高。如果在立春就播种地瓜，低温会抑制秧苗的生长，如果在立夏之后播种地瓜，高温也会抑制地瓜的生长，而谷雨前后有着适宜地瓜生长的温度和湿度，所以，人们才选择谷雨作为地瓜栽种的最佳时节。

立夏至大暑的谚语

小麦开花虫长大，消灭幼虫于立夏

这是一句关于除虫的节气谚语。立夏时节，天气转暖，小麦在此时开始拔穗开花。这个时候也是害虫开始生长的时期，为了使农作物不被害虫蚕食，人们要在立夏时节及时捕杀害虫，并及时消灭害虫的幼虫。

小满不满，芒种开镰

这是人们用于记录小麦成熟时节的谚语。我们知道，小满时节是小麦灌浆的时节，但是这个时候的小麦并未完全长成，需要再经过一个节气的生长。到了芒种时节，麦穗已经颗粒饱满，此时就可以下地用镰刀收麦了。

夏至伏天到，中耕很重要，伏里锄一遍，赛过水浇园

这是人们用于记录节气农业活动的谚语。夏至开始的暑天，农民要及时下地将地表的土层锄松，这样土地下层的水分便不会蒸发掉。锄地会减少水分蒸发的原因是由于一个奇特的物理现象——毛细作用。

毛细作用表现为当一些物体内部有中空的导管时，水会沿着导管爬升。日常生活中毛细作用的实例很多，毛巾吸水、钢笔出墨、砖头浸水湿润等都是毛细作用的表现。以毛巾吸水为例，毛巾内部的组织十分细密，有着非常纤细的导管，在入水之后，水会沿着这些导管上升，从而使毛巾变湿。

土壤的毛细作用也是这样，没有被锄过的土地十分严实，但是其内部还有一些空隙，这些空隙连接起来，便成为一个个细长的"导管"。天气炎热时，"导管"中上升的水分会被蒸发，水分蒸发后，"导管"会重新使地下的水上升，上升的水分会继续蒸发。以此循环下去，地下的水汽便会被蒸发殆尽，这样一来，植物的生长便会受到阻碍。

如果人们将土壤锄松，土壤的"导管"便会消失，土壤下层的水就不会蒸发掉，植物的生长就不会受到太大影响。这就是为什么人们要在夏至锄地，并且还认为暑天锄地的作用大过灌溉作用的原因。

立秋至霜降的谚语

立秋十天遍地黄

这是一句反映节气时农作物生长变化的谚语。立秋后是夏播作物生长的高峰期，高温加上雨水的降临，使作物的生长十分迅速，往往十天之内这些作物就会大变模样。加上立秋后刚好是农作物即将成熟的时候，所以人们时常能看到满地的金黄。

立秋种白菜，处暑摘新棉

这是一句反映农事耕种时节的谚语。在我国西北地区，立秋时节是人们种植白菜的季节，处暑时节则是人们采摘棉花的季节。

草上露水凝，天气一定晴

这是一句关于天气预测的谚语。人们经过经验总结发现，如果草上有露水，那么白天一定是个艳阳天。原来，在晴天的晚上，由于天空中没有云彩覆盖，地面的散热很快，气温降低会使空气中的水汽容量减少，水汽就会在植物表面形成露水。如果是阴天，乌云常常会导致空气闷热，这样一来，地面散热速度就会减慢，空气中的水汽容量较大，水汽便不会形成露水了。

白露早，寒露迟，秋分种麦正当时

这是一句反映农事时间的谚语。在我国许多种植冬小麦的地区，秋分常常是小麦播种的最佳时节。白露时节秋高气爽、降雨稀少，此时并不适宜农作物生长，寒露时节气温会更加低，此时更不适宜种植农作物。而两个节气之间的秋分时节，阳光较好、温度适宜，且还有较多的降雨，所以人们才说此时是种植小麦的最佳时节。

霜降不摘柿，硬柿变软柿

这是一句记录柿子采摘时节的谚语。柿子是一种成熟较晚的水果，每年的寒露时节是柿子变红的时候，到了霜降，柿子就会脱涩成熟，此时正是柿子采摘的最佳时间。

过了霜降，柿子便会在太阳的照射下逐渐变软，此时不利于农民储藏。因此，每年的霜降时节就成了人们采摘柿子的节气。

立冬至大寒的谚语

今冬麦盖三层被，来年枕着馒头睡

这是一句反映气候变化与农作物产量关系的谚语。人们经过经年累月的观察发现，如果每年冬天能够连下三场大雪，来年农作物的收成就会更好。原来，由于雪花的特殊构造，积雪覆盖在麦苗上时，就相当于一层厚厚的防寒棉被，如此一来，麦苗便不会在冬天被冻伤了。等到来年天气转暖后，消融的雪水又会为麦苗提供充足的水分，使小麦能够茁壮成长。

大雪不冻，惊蛰不开

这是一句用来反映节气气温变化关系的谚语。它的意思是，大雪时节如果土地没有结冻，那么到了惊蛰时节，冰冻也不会消融。通常情况下，大雪时节的气温应当足够使土地结冻，如果此时土地仍然未结冻，那么说明今年的冬天来得较晚，那么降温的时间便会后移，这样一来，温暖的春天便会延迟到来，本应当温暖的惊蛰时节，也会变得寒冷起来。

冬至暖，冷到三月中；冬至冷，明春暖得早

　　这句谚语也是反映节气气温变化关系的谚语。冬至如果较为暖和，那么说明寒冷的天气来得较晚，这样，开春之后的温暖就会延迟到来，寒冷的天气会持续到三月左右。相反，如果冬至较为寒冷，那么温暖的天气便会早点到来。

　　小寒胜大寒，常见不稀罕

　　我们知道，我国一些地区小寒的寒冷甚至会超过大寒的寒冷。人们在岁月变迁中也逐渐掌握了这一自然规律，这句谚语就这样流传了下来。

　　除了以上的节气谚语之外，我国还有许多与生活习俗、文化思想等相关的谚语。这些语言简练、风趣幽默但又耐人寻味的谚语流传下来，成为中华语言的瑰宝。

　　但是我们必须意识到，谚语是我国古代劳动人民智慧的总结，它虽然有一定的道理，但是不能完全代表科学和真理，我们在学习和使用这些谚语时应当适当联系地域、时间和现代科学知识，用辩证的思想去理解谚语的内在含义。

三、千古流传的节气诗词

我国古人除了创作了一些幽默、简洁、通俗易懂的谚语之外，也创作了许多优美、典雅、富有韵律美的诗词。接下来，我们就来一同欣赏一番二十四节气中的诗情画意吧！

文人有着发现美的眼睛，在他们的眼中，四季轮转、时节变换，二十四节气当中每个节气的风光都有所不同。历代的文人将节气的优美风光和他们在各个节气的思想感悟以诗词的形式记录下来，这些诗词作为中华传统文化的精华为后人所欣赏。

与初春有关的诗词当中，往往蕴含着万物复苏、新年伊始的内涵。比如诗人白居易在《钱塘湖春行》中"几处早莺争暖树，谁家新燕啄春泥"的诗句描写，不仅令春色迷人的早春风光跃然纸上，更抒发了诗人对钱塘湖春景的喜爱。早春时节，万物更新，鸟儿开始重新回到发芽的枝头，燕子也开始寻觅初春的新泥，四处都是生机勃勃的景象。

到了暮春时节，也就是清明与谷雨时节，此时百花已经凋零，春天将要过去。除了描写春季的盎然生机外，文人在与这两个节气相关的诗词中更倾向于抒发对春季即将逝去的留恋或者对家乡的怀念。

立夏至大暑时节，户外的植物生长得十分旺盛，诗词则多为景物描写或诗人在纳凉的画面与感受。比如，李白在盛夏纳凉时所写："懒摇白羽扇，裸袒青林中。脱巾挂石壁，露顶洒松风。"这首诗所描绘的画面是诗人李白在树林当中乘凉，一面懒散地摇着羽扇，一面赤身躺在树荫下乘凉。有时候还将解下的头巾挂在石壁上，披散着头发感受徐徐吹来的凉风。诗词中虽然并未描述盛夏烈日当头的景象，却将暑热之气通过诗人的行动展现给了我们。

在与秋季的六节气相关的诗词中，处暑之前，诗人常会描写秋后暑气的景象。处暑之后，秋意渐浓，这时候树叶开始渐渐变黄，庄稼开始渐渐成熟。诗词中多会描写农民丰收的喜悦景象或者秋季万物凋谢的凄凉画面。比如辛弃疾的《西江月·夜行黄沙道中》这样描写谷物丰收的景色："稻花香里说丰年，听取蛙声一片。"

与凄凉景色相关的诗词有岑参在《暮秋山行》中"山

风吹空林，飒飒如有人。苍旻霁凉雨，石路无飞尘"的描写。秋风萧瑟的寒秋，树林的枝叶已经渐渐落下，秋风吹过毫无绿意的树林发出的声响好似树林中有人经过。天空中时常会飘下苍凉的雨丝，即使行走在石路上都没有飞尘。远行的诗人遇到萧瑟的寒秋，怎能不激起一番惆怅之情呢？

立冬至大寒时节，诗人常描写冬季白雪飘飞、万籁俱寂的景色。我们最为熟悉的古诗《江雪》中写道："千山鸟飞绝，万径人踪灭。孤舟蓑笠翁，独钓寒江雪。"虽然没有对于雪景的写实描写，但是诗人却通过飞鸟与人迹的消失描绘出冬季天寒地冻的景象。寒江旁独自垂钓的渔翁更烘托了冬季的肃杀孤寂。

除了我们举例的这些诗词，我国还有许多描绘二十四节气美景的诗句。这些诗句不仅记录了不同时节我国各地气候的变化，还描绘了农民耕种、树木生长、习俗文化等。它们不仅展现着怡人的风景，还蕴含着丰富的人生哲理。作为中华传统文化的践行者，我们有什么理由不去学习它们呢？

节气诗词欣赏·其一

初春小雨

唐·韩愈

天街小雨润如酥，草色遥看近却无。
最是一年春好处，绝胜烟柳满皇都。

节气诗词欣赏·其二

夏花明

唐·韦应物

夏条绿已密，朱萼缀明鲜。
炎炎日正午，灼灼火俱燃。
翻风适自乱，照水复成妍。
归视窗间字，荧煌满眼前。

节气诗词欣赏·其三

秋凉晚步

宋·杨万里

秋气堪悲未必然，轻寒正是可人天。
绿池落尽红蕖却，荷叶犹开最小钱。

节气诗词欣赏·其四

初寒

宋·陆游

久雨重阳后，清寒小雪前。
拾薪椎髻仆，卖菜掘头船。
薄米全家粥，空床故物毡。
身犹付一歠，名字更须传？

四、有趣的节气传说

　　二十四节气流传至今，除了与之相关的谚语和诗词外，还流传着许多与之相关的精怪神灵、名人逸事等传说故事。这些传说故事产生的原因主要有以下几点：一是古人对于不能理解的自然现象的超自然解释；二是人们对于美好生活的渴望；三是古代人们对于神灵的崇拜和向往；四是人们对于历史故事的改编。科技发展到现在，我们已经不再相信这些古代传说的真实性，但是这些传说却随着时间的流逝成为我国传统文化的一部分，继续在民间熠熠生辉。

惊蛰打雷，雷公动怒

　　惊蛰时节，天空经常响起惊雷声，但是却没有雨水落下，古代的先民便认为这是天界主管雷电的神仙雷公正在发怒。

传说雷神是一个肩扛大鼓，手拿长锥，浑身肌肉突出的巨人。天气温暖的惊蛰时节，人们都会在田间劳作。雷神则是监督人们劳作的神仙，如果雷神在巡视过程中遇到懒惰的农民，便会击鼓作声，以巨大的雷声提醒他需要迅速到田间耕种。人们认为，雷公动怒后整个春天都不会下雨，没有雨水会使他们的庄稼减产。为了保证秋天的收成，每年到了惊蛰时节，人们便争先恐后地前往田间除草、锄地、起垄、灌溉。

如果古代的人们知道了惊蛰响雷的真正原因，便不会将雷声当作雷神对他们的处罚了。

为何清明要吃冷食

晋文公，晋献公之子，姓姬，名重耳，春秋五霸之一。传说，晋献公的妃子骊姬很想让自己的儿子成为嗣君，于是计划要将其他皇子全部杀害。重耳提前得知了这个消息，连夜带着家臣逃到了他国。

流亡至卫国时，重耳门下的一名家臣偷光了重耳的全部粮食，趁夜逃进了深山。由于无粮可吃，重耳饿得几近昏厥。随同重耳逃亡的介子推不愿看着重耳如此饥饿，他偷偷来到树林里，将自己大腿上的肉割下，与野菜一同煮成肉汤供重耳食用。重耳吃了肉汤，果然精神好了起来。后来，这件事传到了重耳这里，重耳十分感动，向介子推承诺，将来回到晋国做了国君之后，一定会千百倍地回报他。

时间过得飞快，经过重重磨难后，重耳终于回到晋国成为国君，随从的部下纷纷来到重耳面前领赏，重耳为了奖励这些随同他流亡的家臣，便将一大笔银钱赏赐给了他们。一些从未跟随重耳的臣子，只要说两句奉承的话，重耳也会赏赐。介子推见重耳如此，气愤之下便告老还乡，隐居到绵山上与母亲做伴。

不久，重耳想起曾经对介子推的承诺，便想要将介子推重新招揽回国。但是，重耳派往绵山请介子推回朝的使者都被介子推婉拒回来。重耳一气之下，决定以火烧绵山来强迫介子推出山。

绵山的大火烧了三天三夜，却没有看到介子推下山。重耳便派人前往绵山搜寻介子推的踪迹。后来，搜索的人向重耳禀报，绵山山顶的一棵大树下有两人相抱的尸体，身形与介子推及他的母亲相似。重耳这才醒悟过来：他不仅没有回报介子推，反而将他逼上了绝路。

重耳为了纪念介子推，便下令将放火烧山的这一天定为寒食节。在这一天，无论是王公贵族还是平民百姓都不得使用明火，只能食用冷食。因寒食节就在清明前一两天，后来，人们逐渐将寒食节和清明节合并，在清明节这天食用冷食。

"谷雨"之名从何而来

相传远古时期，轩辕黄帝手下有一位出类拔萃的史官仓颉。黄帝时期，人们的生活水平逐渐提高，开始自己饲养牲畜、储存食物。随着牲畜和食物数量的增加，人们很快便记不清到底储存了多少食物了。为了方便人们记录，仓颉便想出了在绳子上打结记录数量的方法。有了这个方法，记录生活琐事变得十分方便。

不过没过多久，"结绳记事"的方法就不再好用了。原来，随着人们生活水平的提高，人们储存的食物的种类也越来越多，结绳已经不能满足人们的需要了。怎样才能将记录这件事变得简单呢？仓颉每日都在思考。

有一天，他在观察星宿形态和虫鱼鸟兽的足迹时忽然想到，

赋予不同物体形态不同的含义，用以记载事情不就可以了吗？这样一想，仓颉立刻行动起来，他将各种鸟兽鱼虫、星宿形态等事物汇总起来，用具体、简单、固定的形状加以呈现，并将这些形态各异的痕迹命名为"字"。人们用了文字记事之后，无论多少数量

的牲畜或多少种类的食物都能被清晰地记载了。

黄帝得知此事后十分感动，于是他就让上天降下了"谷子雨"来犒劳仓颉，"谷子雨"降下的这一天，被人们称为"谷雨"。后来，每逢谷雨，人们都要组织祭祀活动纪念仓颉，歌颂他造字的功绩。

为何立夏要"秤人"

立夏"秤人"的习俗起源于三国时期。相传诸葛亮七擒孟获后，孟获对诸葛亮十分尊重，对他的话无一不从。诸葛亮死后请求孟获，希望孟获每年能来到蜀国看护刘阿斗，保证阿斗能够健康长大。孟获答应了这个请求，便在每年的立夏都来蜀国探望阿斗。

数年之后，晋武帝司马炎灭蜀称帝，将阿斗掳走，打破了阿斗平静的生活。孟获得知这个消息后，便带兵前往司马炎处理论，他告知司马炎，如果不能善待阿斗，自己就会起兵谋反，直接灭了司马炎的江山。迫于孟获的压力，司马炎不敢不善待阿斗。

善待的标准是什么呢？孟获想到了称体重这一办法，每年立夏，孟获前来看望阿斗时，都会请阿斗称重，如果阿斗体重上升，就证明司马炎没有亏待他。采用这一方法，阿斗的体重竟然年年增加，最终过上了安宁祥和的生活。后人羡慕阿斗的福气，于是每年立夏，也开始了"秤人"的活动，以期望未来的一年能够平安度过。

有人会说，阿斗根本不是受孟获照顾长大，刘备死后他还当了一段时间的皇帝呢！确实如此，这则民间传说与史料记载确实有着不少出入，但是，后世人们只是希望通过一些习俗的传承得到幸福安乐的生活，至于传说与史实是否相符，人们也就不再关注了。

掌管秋季的神明——蓐收

我国古代的立秋时节有一个传统节日——立秋节。周朝时期，天子在立秋时常常带领臣子前往郊外迎接秋季，并祭祀掌管秋季的神明——蓐收。

蓐收是远古传说中的一位神明，掌管的是人间的秋天。蓐收是一个左耳挂着大蛇，手拿巨斧，骑乘两条巨龙的凶神。每逢立秋这天，蓐收便会来到人间收粮，凡是没有向他供奉粮食的人，在下一年的秋天都会颗粒无收。

人们为了祈求秋季能正常收获粮食，便在每年立秋时祭祀蓐收。立秋节这天，人们自发地在家中摆上新鲜食物，点燃熏香请蓐收前来收粮。等熏香烧完，蓐收就收完当年的粮食了，明年人们便能获得丰收。

后来，立秋节渐渐成为各个朝代的传统习俗。周朝之后，汉朝、唐朝、宋朝、明朝、清朝等都有立秋节祭祀的习俗。近代中国，立秋节的习俗已经不再存在，但是人们心中对于丰收的向往却没有消失。